精品课程新形态教材
21世纪应用型人才培养系列教材
新时代创新型人才培养精品教材



# 书籍装帧设计

主　编　刘　佳　齐振伦　周晓琼
副主编　陈爱霞

SHUJI ZHUANGZHEN SHEJI

東北大學出版社
Northeastern University Press

图书在版编目（CIP）数据

书籍装帧设计 / 刘佳，齐振伦，周晓琼主编. -- 沈阳：东北大学出版社，2019.6（2024.6重印）
ISBN 978-7-5517-2166-0

Ⅰ.①书… Ⅱ.①刘… ②齐… ③周… Ⅲ.①书籍装帧-设计Ⅳ.①TS881

中国版本图书馆CIP数据核字(2019)第136637号

出 版 者：东北大学出版社
地址：沈阳市和平区文化路三号巷11号
邮编：110819
电话：024-83683655（总编室）
024-83687331（营销部）
网址：http://press.neu.edu.cn
印 刷 者：涿州汇美亿浓印刷有限公司
发 行 者：东北大学出版社
幅面尺寸：210mm×285mm
印　　张：12.25
字　　数：268千字
出版时间：2019年6月第1版
印刷时间：2024年6月第3次印刷
责任编辑：孙　锋
责任校对：刘乃义
封面设计：尤岛设计
责任出版：唐敏志

ISBN 978-7-5517-2166-0　　定价：79.50元

# 前言

党的二十大报告中提出:“推进文化自信自强，铸就社会主义文化新辉煌。”书籍是我们的朋友，它传承智慧，见证文明。千百年来，人类创造了许多优秀的书籍形态，从甲骨文到简策，从卷轴装到蝴蝶装、包背装，从线装到今天的平装、精装，从纸质书籍到概念书、电子书、立体书等，每一种都引人注目、耐人寻味。而为书籍作嫁衣裳的书籍装帧，无疑充当了重要的角色。

书籍设计作为一种传统的平面设计门类，研究的就是怎样体现一本书的“美”，这种“美”具有外在和内在之分。从广义上讲，书的外在美指的是书的封面是否漂亮、得体，而书的内在美是指书的内容是否充实、有价值。再仔细分析，书的外在美除了好封面以外，还应该包括书的形态、结构和材料的美，而书的内在美除了内容的美，还应该包括书籍内页的材质、版式和编排的合理与美观。要对书做好全方位的包装，就必须注意，书的封面设计和书的版式设计的要求和原则是不同的。前者讲究的是要能给人强烈、美好的视觉印象，从而让人产生想要翻阅的愿望，而后者则强调能让读者有一个舒适的阅读对象，让读者以最短的时间高效地读完书籍的内容而不觉得视觉疲劳，甚至通过对书中有趣的插图或漂亮的文字排列方式感兴趣而产生再读几遍的冲动。

由于编者水平所限，书中难免存在疏漏之处，欢迎广大读者批评指正。此外，编者还为广大一线教师提供了服务于本书的教学资源库，有需要者可致电13716022670或发邮件至261345771@qq.com。

编　者

PREFACE

book
binding
design

book

binding

design

# 目录 CONTENTS

C O N T E N T S

PART 1

# 第1章

## 书籍装帧概述

# 1.1 书籍装帧的概念

谈到“书籍设计”，我们不得不提到书籍装帧。“书籍设计”一词是前些年艺术院校为了方便教学而在教学工作中新提出的一个专业名称，其实最早对这个门类的叫法是“书籍装帧”。“书籍装帧”这个名称在出版界得到了更为普遍的认可，因为它所指的范围相对“书籍设计”要小。我们在本节主要讲的就是“书籍装帧”这样一个原始意义上的概念。

从字面意义上讲，“装帧”的“装”字来源于中国卷轴书制作工艺中的“装裱”一词，更具体地说，它来源于中国古代书籍装帧形态中的简策装、卷轴装、旋风装、经折装、包背装，有书籍“装潢”之意。“帧”字原为画幅的量词。装帧的本意是将纸张折叠为一帧，再装订起来。“装帧”一词最早出现在1928年丰子恺等人为上海《新女性》杂志撰写的文章中，当时引用自日本，所指的就是书籍的封面设计。“装帧”一词出现后很快被人们所接受并沿用至今。

图1-1-1　2017年度“中国最美的书”——《说戏》(一)

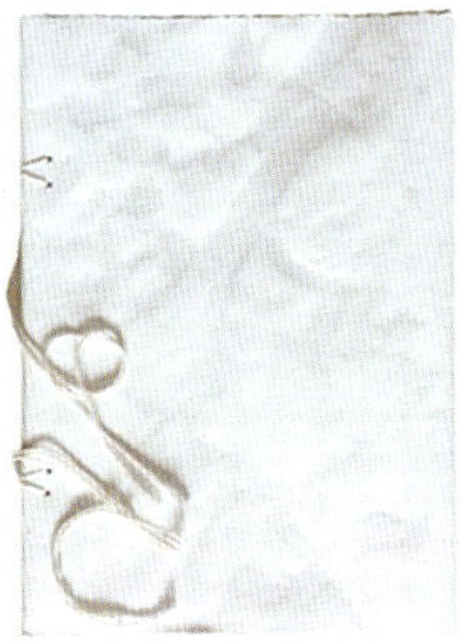

图1-1-2　2017年度“中国最美的书”——《说戏》(二)

图1-1-3　2017年度“中国最美的书”——《介入》(一)

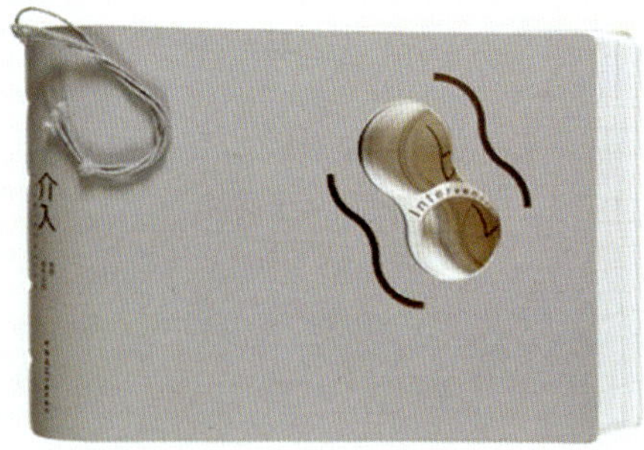

图1-1-4　2017年度“中国最美的书”——《介入》(二)

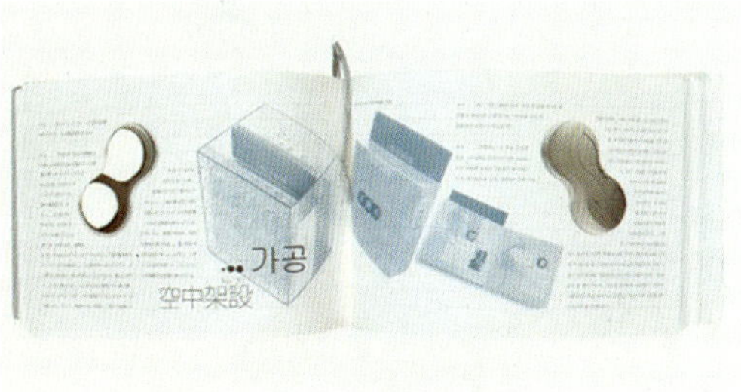

图1-1-5　2017年度“中国最美的书”——《介入》（三）

图1-1-6　2017年度“中国最美的书”——《墨香书条石》（一）

图1-1-7　2017年度“中国最美的书”——《墨香书条石》（二）

图1-1-8　2017年度“中国最美的书”——《是我——一个书法主义者的无言之诗》

书籍设计是一门“构造学”，是将书籍的外在造型与内容进行整体设计的综合学问。书籍设计不应只对书籍进行狭隘的文字解说或简单的外包装，而应以书籍的外在造型与内容为载体，对书籍的封面、环衬、扉页、序言、目录、文字、版式、插画、页码等一系列内容进行设计，最终将书籍做成充满感情与特质的生命体。

书籍设计大师吕敬人认为，出版一本书其实是作者、设计师、编辑、出版人以及工艺技术人员进行共同塑造的系统工程，有了这个工程才能真正完美地完成一本书。书的语境需要出版过程中不同工种的工作人员共同来创造，设计师要有一个主导的观念，要懂得书籍自身的语言，同时要通过这种语言形成设计的语法。吕敬人师从神户艺术工科大学院杉浦康平教授，杉浦康平教授从20世纪60年代中期就已经投身书籍设计。他把内文排版、文字、标题、目录、封面、腰带和版权页的设计融为一体，并对所有纸张、材料进行选择，设定印刷装订工艺，甚至连书籍的宣传品也作为书籍整体设计中的一部分。

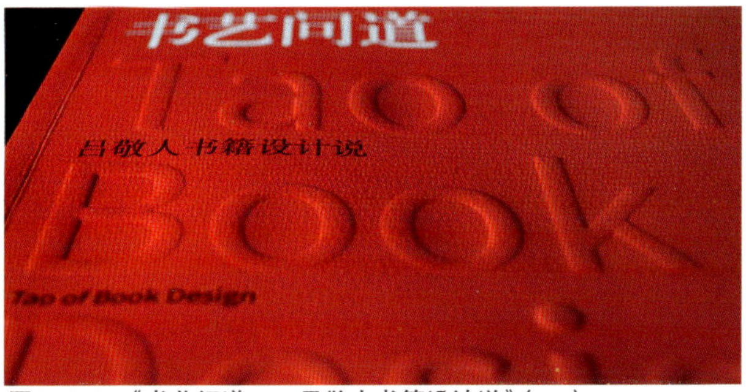


图1-1-9 《书艺问道——吕敬人书籍设计说》（一）

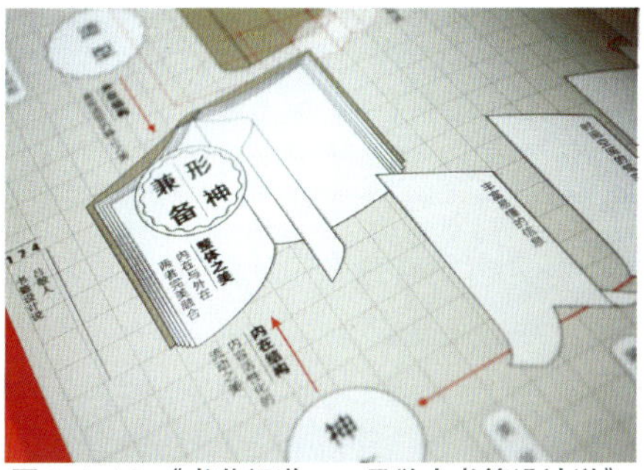

图1-1-10 《书艺问道——吕敬人书籍设计说》（二）

图1-1-11 《书艺问道——吕敬人书籍设计说》(三)

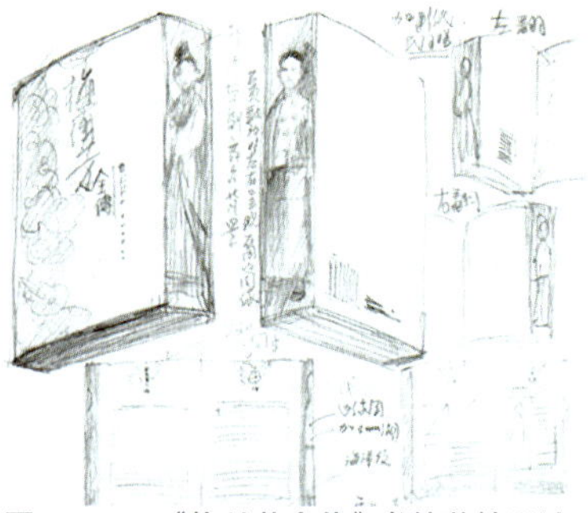

图1-1-12 《梅兰芳全传》书籍装帧设计：吕敬人(一)

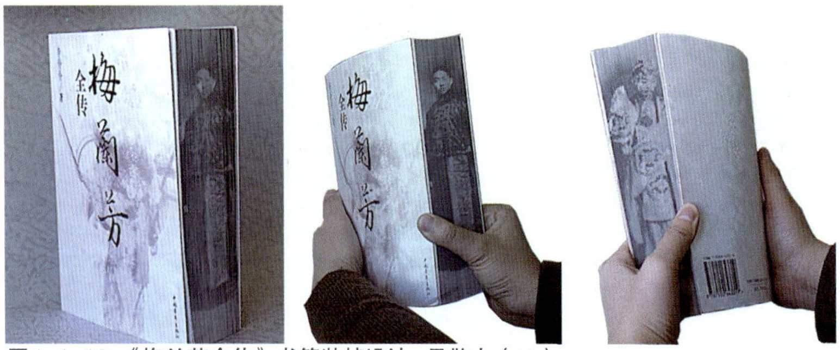

图1-1-13 《梅兰芳全传》书籍装帧设计：吕敬人(二)

图1-1-14 《钱学森书信》书籍装帧设计：吕敬人

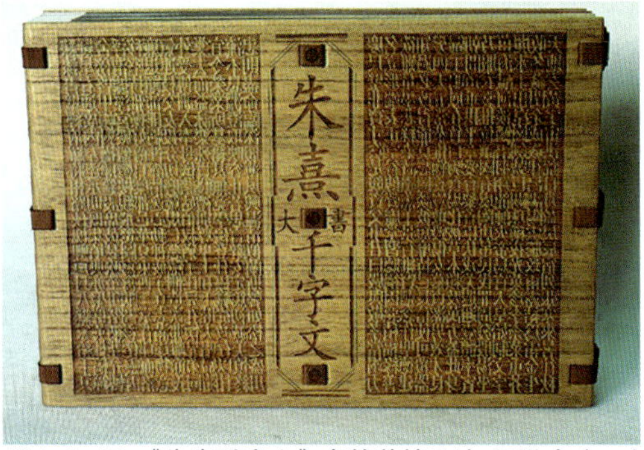

图1-1-15 《朱熹千字文》书籍装帧设计：吕敬人(一)

图1-1-16 《朱熹千字文》书籍装帧设计：吕敬人(二)

图1-1-17 《中国记忆》书籍装帧设计：吕敬人(一)

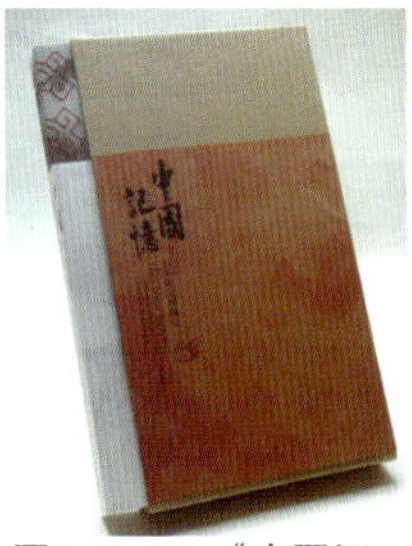

图1-1-18 《中国记忆》书籍装帧设计：吕敬人(二)

图1-1-19 《子夜》书籍装帧设计：吕敬人(一)

图1-1-20 《子夜》书籍装帧设计：吕敬人(二)

由此可见，书籍设计不仅是为书籍设计一件美丽的外衣，而且是以书籍的整体形态为载体的多层次、多因素、多侧面、立体的综合设计工程。书籍装帧设计是集平面设计、字体设计、版式设计、包装设计、插画设计、印刷装订设计于一体的综合设计。

## 1.2 书籍装帧设计的历史演进

书籍装帧设计随着书籍的出现而逐步发展。书籍装帧的形式往往因所用的材料及各个时代书籍装帧方法的不同而各具特色。

### 1.2.1 中国书籍装帧设计的历史演进

中国的书籍文化历史悠久，书籍的装帧形式也随着文字和生产力的发展变化而不断演变。从甲骨文——简策——卷轴装——蝴蝶装——线装书，再到今天形形色色的平装本、精装本，无不表现出时代特色，使书籍装帧成为文化内涵极为丰富的艺术门类。格哈特·豪普特曼说过：“书籍包括了人类的过去、现在和未来。没有什么比书籍占有的人类文化更值得敬重、更了不起和更重要的了。”因为，书籍是人类进行知识传播和传承的重要载体之一，它作为人类文明进步的阶梯，不仅记录和传播了人类文明的历程，还记载了人类的思想和历史。书籍的出现和发展，为推动人类文明的进步和发展做出了巨大的贡献。中国的书籍装帧设计是中国古代文化和现代审美观的结合、延续和积淀。

书籍在刚刚出现时并不能完全叫书籍，因为它是刻在龟甲、兽骨、石头、青铜器上的，不同于我们现在的书籍。最早的文字记录，为我们了解历史提供了非常宝贵的文字资料，起到了档案的作用。

图1-2-1　甲骨文

图1-2-2　青铜铭文

### 1.2.1.1 古代早期的书籍

（1）简牍装

简，就是竹片；牍，就是木片。人们把竹片做成的书称作“简策”；把木片做成的书称作“版牍”；竹片和木片所做的书统称“简牍”。简牍装是较早的书装形式，据考证，简牍始于商朝末年。我国古代的许多著作都是写在简牍上的，例如《诗经》《春秋》《周易》等。简牍是在造纸术发明之前中国书籍最主要的形式（如图1–2–3、图1–2–4），占有重要的历史地位，是我国最早的正式书籍，并对后世的书籍装帧形式产生了深远影响。

图1–2–3　简牍（一）

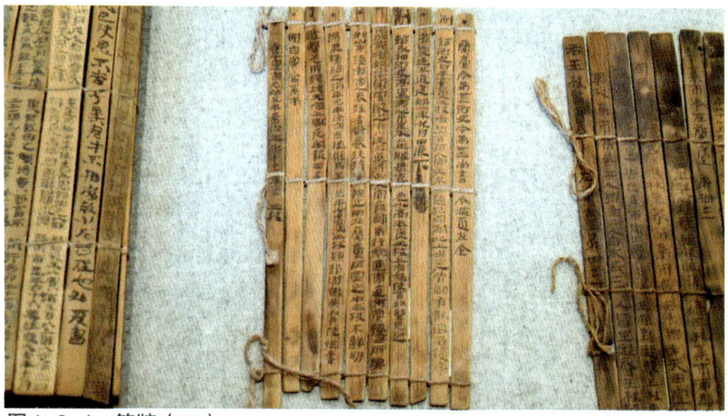

图1–2–4　简牍（二）

（2）卷轴装

我国历史上使用最久的书籍形式就是卷轴装（如图1–2–5、图1–2–6）。卷轴装的书籍形式始于汉代，主要存在于魏晋南北朝至隋唐时期。卷轴装的材料开始是帛的，伴随着纸的发明，便开始用纸制作卷轴。卷轴装又称卷子装，比简策有很大的进步，但也存在很多缺点。卷轴装的形式在唐代后期发生了变化，其原因在于制作一本书需要经过粘纸、加轴、装裱、系带等环节，主要是在阅读时，要展卷、收卷，查阅某一地方非常不便。为了避免卷轴装的缺点，人们又发明了旋风装和经折装。

图1–2–5　卷轴装（一）

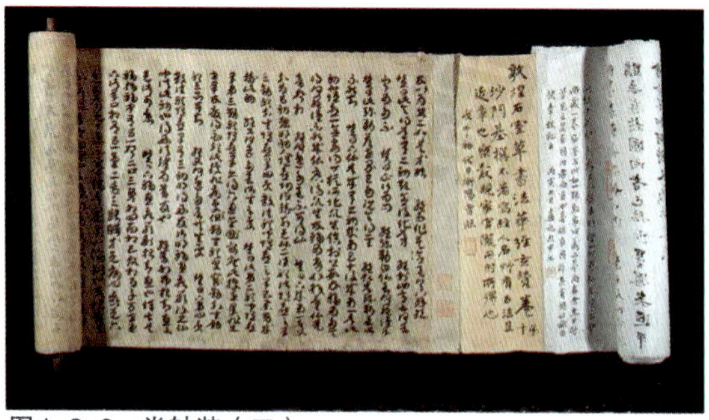

图1–2–6　卷轴装（二）

（3）旋风装

旋风装，在外观上看与卷轴装一样，只有展开阅读时才发现，它是由一张比书页略宽的长厚纸来做底，首页全幅粘裱在卷的右首，单面书写。从第二页开始，双面书写，依次按序排在上一页的下面，鳞次向左裱贴于底卷上。 这种装帧形式的书籍在收藏时从首向尾卷起，捆绑，在外形上看与卷轴装无差别。里面的书页，随风飞翻犹如旋风，所以后人把它称为旋风装（如图1–2–7）。

图1–2–7　旋风装

（4）经折装

经折装，也称为折子装（如图1–2–8），用左右反复折叠的办法，将纸书折成长方形的折子状。这种形式出现在公元 8 世纪的唐代中后期，它采用较厚的纸张或木板粘在书本的前后做封面，以防损坏。经折装的形式完全改变了卷轴装的形式，对其进行了彻底改造，是书籍装帧历史上一个重要的里程碑。至今，这种装帧形式仍在使用，如企业宣传册、旅游景点介绍小册子、画册等都是对这种装帧形式的继承和发展。

图1–2–8　经折装

（5）蝴蝶装

蝴蝶装大约出现在唐末五代后期，盛行于宋朝，是我国最早的册页形式。它的产生与当时的雕版印刷技术密不可分，因为当时为适应单面印刷一版一页的特点，将书页沿中缝把有文字的一面朝里对折，再把折好的纸张按照先后顺序对齐排列，然后将有折缝的一面逐页粘连，这样就形成了书脊。还要用一张厚纸包装整本书籍，作为封面和封底起到保护的作用，最后裁齐成册。看其外表，就如同现在的书籍，但翻阅起来犹如蝴蝶的翅膀翻飞飘舞，所以称为“蝴蝶装”（如图1–2–9）。

图1–2–9 蝴蝶装

### 1.2.1.2 古代成熟的书籍

蝴蝶装虽比卷轴装有很大改进，但还有很多美中不足的地方，连翻两页才能看到文字，粘连也不够牢，书页容易脱落。因此自宋代以后，蝴蝶装逐渐变为包背装、线装。

（1）包背装

包背装（如图1–2–10）与蝴蝶装的装帧形式恰好相反，它是将书页带字的一面向外，无字的一面向里折，将折好的书页按序排列（如图1–2–11）。装帧时与蝴蝶装相反，以折叠的中线作为书口，为防止背面胶粘不牢固，采用纸捻装订的技术，就是将韧性强的纸捻成条状，在书左侧打孔，以捻装订，这样翻阅次数多了，也不容易散乱。最后，再用一张厚纸绕书背粘住，作为书籍封皮，这样包背装算是完成了。它出现在南宋末期，元、明、清几代使用较多，如明代《永乐大典》采用了这种装帧形式。

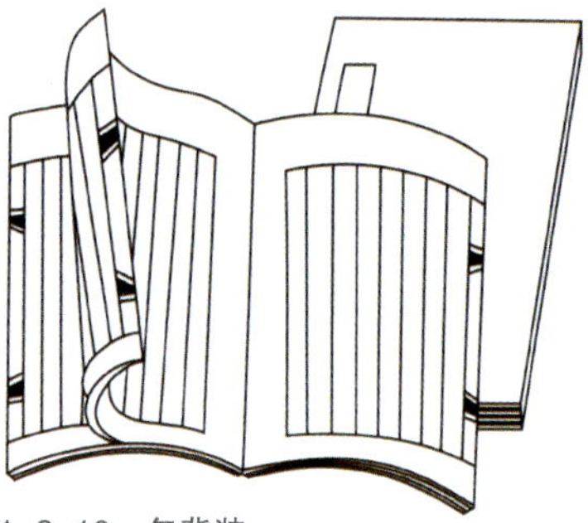
图1–2–10 包背装

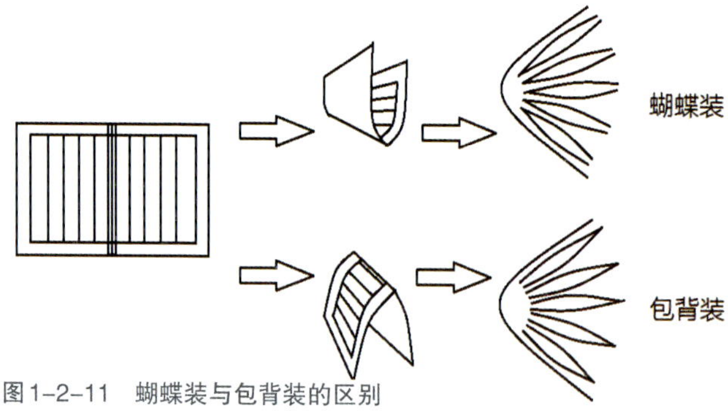

图1–2–11 蝴蝶装与包背装的区别

（2）线装书

线装书是我国传统装帧技术史上最先进的一种，线装书便于阅读，又不易散破（如图1–2–12）。线装书是从包背装发展而来的，始于明代中叶，盛于清代。线装书的结构分为书衣（封面）、护页、书名页、序、目录、正文、附录、跋或后记，与现在的书籍次序大致相同。由于线装书牢固、美观，封面和封底柔软可卷，书脊又不会像包背书那样坚硬，书本破了还可以重新装帧，并且在修整旧书时，还具有添加书页等优点，故此流行时间达百年之久。

如《二十四史》《四部备要》等都是线装书的典范。鲁迅先生也给了线装书一个很高的评价：看大厚本的洋装书，拿在手里就像举块砖头，不如看中国的线装书方便。可见，当时为了适应社会发展和需要而产生的线装书，已经达到精益求精的地步了。

图1-2-12　线装书

## 1.2.2　外国书籍装帧设计的历史演进

几千年来，世界各国的书籍装帧形式，也在随着技术的进步而不断发展。在国外有莎草纸书（如图1-2-13）、蜡版书、泥版书及羊皮纸书等装帧形式。

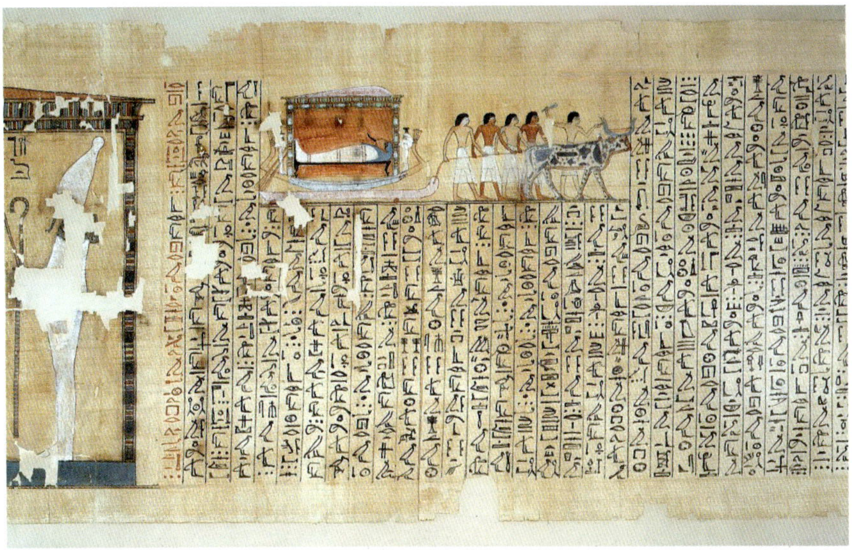

图1-2-13　莎草纸书

### 1.2.2.1 国外书籍的早期形式

最早的象形文字和表音文字产生于公元前4000年末期的幼发拉底河和尼罗河岸边，在四大文明古国之一的古埃及最早使用的书写材料是莎草茎制成的莎草纸，它的书籍形式是写上字的书卷，一般为6 m长，12~30 cm宽，阅读时展开，用完再卷起。在古巴比伦使用的是刻有楔形文字后再用火烘干的泥板。

图1-2-14　古法制造莎草纸书的流程

### 1.2.2.2 欧洲的古抄本

欧洲的许多国家先后产生了十分绚丽的抄写书籍。在这样的土壤中产生了卡罗林和哥特艺术风格时期书籍艺术的顶峰。这一时期的字体也有了改变，与哥特式建筑一起产生的哥特字体，主要在宗教书籍中使用。

### 1.2.2.3 古腾堡

到了5世纪左右，册本基本取代了卷轴而成为西方书籍的主要形式。随着中国印刷术的引入，西方逐步摆脱了手抄书籍的束缚，开始以雕版的方式进行印刷书籍的尝试。15世纪中叶，欧洲莱茵河畔一个叫古腾堡的工匠发明了金属活字印刷术和螺旋压印机，直到20世纪，西方书籍在整体视觉面貌上都保持了古腾堡时代形成的基本特征（如图1–2–15、图1–2–16）。19世纪末，工艺美术运动的领袖人物——英国的威廉·莫里斯将这种书籍的古典风格推向了极致。

图1–2–15　古腾堡《圣经》内页（一）

图1–2–16　古腾堡《圣经》内页（二）

### 1.2.2.4 欧洲文艺复兴以后的书籍艺术

欧洲在14世纪开始了文艺复兴运动。在文艺复兴运动的发起国——意大利、法国及德国的大城市中产生了商业性的抄写工厂，他们为读者生产书籍，并由流动书商进行销售。书籍的商品化促进了这一时期的书籍装帧设计进一步发展和成熟。

19世纪下半叶到20世纪初期，工业革命使得西方资本主义世界迅速发展，印刷水平大幅度提高，西方世界书籍装帧艺术蓬勃发展。

图1-2-17 《乔叟诗集》内文

19世纪的英国是世界书籍艺术的中心，威廉·莫里斯（1834—1896）被人们誉为现代书籍艺术的开拓者。莫里斯开办印刷工厂专门从事书籍装帧设计，他用精美的皮革、丝绸、麻织等面料制作精装书，采用细腻流畅的花草植物纹样做封面图案，形成以优雅、华丽著称的装帧艺术风格。莫里斯亲自进行艺术设计工作，并印刷、装订和出版了53种书籍，特别是为《乔叟诗集》（如图1-2-17）专刻了乔叟体，为《特洛伊城史》专刻了特洛伊样本和为《戈尔登勤根德》的英文译本专刻了戈尔登印刷字体。其中最著名的戈尔登体是他参照了古朴美观的严肃体刻成的，这种字体强调了手工艺的特点，十分美观，对活字印刷的发展有很大贡献。他设计的封面十分简洁、优雅、朴素、大方，能够发挥物质的材料特性，讲求工艺技巧，制作严谨，应用装饰纹样非常克制，并认为书籍外表必须与内容具有精神上和艺术上的统一，同时他也号召其他艺术家从事书籍设计工作。

从那时起，一代艺术大师保罗·克利、康定斯基等都投身于书籍设计工作，使书籍版面的设计和种类丰富起来。由于艺术大师介入书籍设计，使得书籍设计受同时代艺术思潮的影响，表现主义、未来主义、达达主义、新客观主义，包括后来在美国盛行的欧普艺术、超现实主义和照相现实主义都在书籍护封和插图中出现，为护封设计和插画艺术增添了新的表现形式。

19世纪90年代以来，书籍的护封在资本主义商品经济竞争中起到了一定的促销作用，但许多作品并未触及书籍的本质问题，有些广告性强的护封或插图，与书籍内容脱离，但最新的观点还是建立在莫里斯所倡导的基础上，认为护封要与书籍内容在精神实质上和艺术形式上形成统一的整体。人们对书籍装帧设计的认识越来越接近其本质，书籍装帧设计的发展也日趋成熟。

# 1.3 书籍装帧设计的发展趋势

纵观中国书籍装帧设计的发展，多元化将是书籍装帧设计的发展趋势。随着科技的发展，书籍装帧设计的形式、材料将会更丰富、更多样，不变的则是书籍的性质，即文化信息的载体。

现代书籍形态的设计追求对传统装帧观念的突破主要体现在以下两个方面。一方面，书籍形态的塑造，是一个由出版者、编辑、设计师、印刷装订者共同完成的系统工程。另一方面，书籍形态是包括“造型”和“神态”的二重构造。前者是书的物性构造，它以美观、方便、实用的造型构成书籍直观的静止之美。后者是书的理性构造，它以丰富易懂的信息，科学合理的构成，丰富的创意和各类要素的充分利用构成了书籍内容活性化的流动之美。书籍形态的设计涉及的元素包括：开本大小，版式的规格，印纸的优劣，墨色的好坏，字体的风格，刀法的精疏，版画插画的精细与否，装帧与内容的呼应等。造型和神态的完美结合，共同创造出形神兼备的、具有生命力和保存价值的书籍。

图1-3-1　亚历山大贝南西奥品牌系列书籍设计（一）

图1-3-2　亚历山大贝南西奥品牌系列书籍设计（二）

图1-3-3　亚历山大贝南西奥品牌系列书籍设计（三）

图1-3-4　德国杂志的创意折纸封面（一）

图1-3-5　德国杂志的创意折纸封面（二）

图1-3-6　德国杂志的创意折纸封面（三）

图1-3-7　德国杂志的创意折纸封面（四）

图1-3-8　德国杂志的创意折纸封面（五）

书籍装帧设计在近200年的发展历史中，给社会和人类提供了极大的方便，提高了人们信息传达的效率，刺激了思想的沟通和交流，也同时形成了一种新的视觉艺术和视觉文化范畴。随着国际交往的频繁，贸易的发展，技术的进步，书籍装帧设计所肩负的任务必然越来越重。虽然装帧设计语言的运用变化万千，但是其服务的对象还是人，人的生理审美要求（包括简单的物理功能要求——体现在装帧设计上就是视觉传达的迅速和准确）和人的心理审美要求——美观、大方、典雅、合乎自己的品位等，这些其实并没有多大的改变。因此，对于近200年来装帧设计语言发展的研究和装帧设计语言运用的研究成为重新估价衡量新的书籍审美的价值标准。

book

binding

design

PART 2

# 第2章

## 书籍装帧元素

# 2.1 书籍的开本

现如今，科学技术的快速进步和多媒体技术的更新发展，使书籍设计的发展领域和范畴持续拓宽。电子书籍等新型多媒体书籍形式改变了书籍的载体媒介，并对传统纸质书籍产生了巨大的影响，使得纸质书籍的发展受到严重的冲击。纸质书籍如何突破传统观念的束缚，抵住电子书籍的冲击和影响，在满足现有书籍功能的基本前提下，求新求变，让自己立于不败之地，是书籍装帧设计要完成的使命。

书籍开本是指书籍幅面的大小，是以整张纸裁切得到的纸张数为标准。书籍是基于纸张这一基础材料展开设计的，纸张的开度大小决定了书籍的开本大小。通常把一张按照国家标准分切好的平板原纸称为全开纸。现今，我国常用的全开纸有两种：大度纸和正度纸，大度纸的纸张尺寸为889 mm × 1194 mm，正度纸的纸张尺寸为787 mm × 1092 mm。开本指的是正度纸和大度纸所裁切成的张数，切成多少张就为多少开。例如：正度纸切成16小张，就称正16开；切成32小张，就称正32开。而大度纸切成16张和32张，分别称为大16开和大32开。每个开本的尺寸根据所选纸张尺寸的不同而有所变化，以正度纸和大度纸的纸张尺寸为例，采用几何开切法，裁切的开本尺寸如表2–1–1。

表2–1–1　各种开本尺寸

| 开本类别/开 | 纸张尺寸/mm |
| --- | --- |
| 大度纸 | 889 × 1194 |
| 正度纸 | 787 × 1092 |
| 正8开 | 260 × 370 |
| 正16开 | 185 × 260 |
| 正32开 | 130 × 185 |
| 大8开 | 297 × 420 |
| 大16开 | 210 × 297 |
| 大32开 | 148 × 210 |

## 2.1.1 书籍开本分类

基于书籍性质和类型的不同，书籍开本的分类也有所不同。书籍开本按性质可分为常规开本和异形开本。常规开本是将整开纸反复对半分割之后，获得的幅面多少。常规开本适合印刷、装订等机械化加工作业。常规开本在纸张裁切后没有零头剩料，不会造成浪费，是印刷过程中经常采用的开本类型。除了常规开本以外的书籍开本均为异形开本，像三角形的书籍开本，圆形的书籍开本等。书籍开本按类型可分为：大型本，中型本，小型本。其中，12开以上的书籍开本称为大型本，多用于出版篇幅量大、图表丰富的著作或期刊；16开至32开之间的书籍开本称为中型本，各种类型的书籍均有采用；36开以下的书籍开本称为小型本，多用于出版小型工具书、手册、通俗读物等。

### 2.1.2 书籍开本的规格

书籍开本的规格是指在人们长期的经验积累和广泛的交流基础上，书籍开本所形成的规律和格式。书籍的开本只是遵循书籍设计的常规规律，并不能代表书籍开本设计的全部，常规的开本设计规律也不一定都是合理的、适用于书籍的。在设计书籍开本时，要根据书籍具体的内容、性质、材料等因素，参考已有规格，进行具体的书籍开本设计。

目前市面上出售的《声律启蒙·笠翁对韵》的开本规格以32开，大32开，16开居多，实际开本尺寸有：145 mm × 211 mm、144 mm × 209 mm、154 mm × 222 mm、159 mm × 230 mm等，开本大小和实际开本尺寸变化不大，均为长方形的中型开本。

### 2.1.3 书籍开本与书籍的性质、内容与篇幅

书籍因其性质、内容与篇幅的不同，开本有所不同，能够体现书籍性质的书籍开本才是适合书籍的。例如，文学名著和教材类书籍，内容丰富，篇幅量大，一般都需要伏案精读，这类书籍可以采用较大的书籍开本。如果有特殊需要，像文学名著，想设计成小开本，也可以分成若干分册，形成套书，每次阅读单册，不影响拿取和阅读。书籍开本的设计要与书籍性质、内容相结合。书籍的特质由其内容决定，抓住其内容的特点，才能对书籍有准确的认知，才能把握开本的设计方向。如果是画册之类的书籍，书籍开本需要大一些，才能够清晰地展示图片。如果是小说一类以阅读为主的书籍，开本需要小一些，方便拿取和阅读。

书籍开本的大小是由书籍篇幅的多少决定的。例如，一本中等篇幅的书，采用过小的书籍开本，就会出现书脊过厚、翻阅不便、装订断线等问题；采用过大的书籍开本，书脊过薄，不利于直立摆放，翻阅时不利于用手托拿，只能伏案阅读，不利于排版，字行长度加大，造成阅读困难。因此，要依据书籍篇幅的多少来确定书籍的开本大小，这是非常有必要的。优秀的书籍开本设计一定是基于书籍性质巧妙地结合书籍篇幅，传达书籍带来的不同感受。荣获“中国最美的书”称号的作品，可谓具有代表性的成功案例。《不裁》是荣获该称号的获奖作品之一（如图2–1–1），看过这本书的人都会提起红色缝纫线、毛边设计、朴实的纸张等设计元素。这本文学随笔集，多是作者关于生活的评议文字，关于荒诞的人与事的描摹等，皆是些小品短文，并配上作者自己画的小插图。该书开本大小为16开，尺寸为164 mm × 240 mm，厚度适中的书脊，整体上，该书开本设计是与书籍的性质、内容、篇幅相符合的。

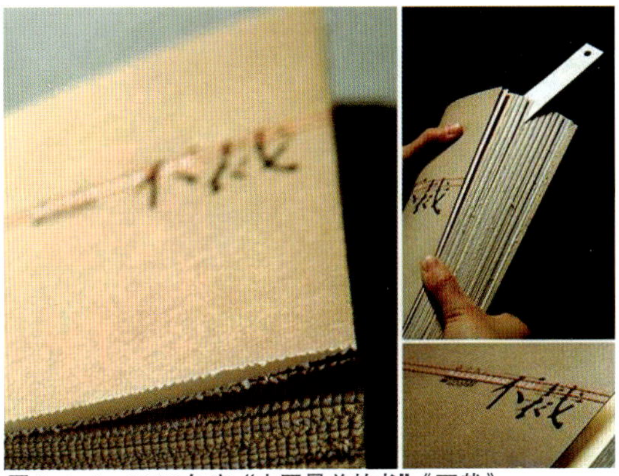

图2–1–1　2007年度“中国最美的书”《不裁》

## 2.1.4 书籍开本与纸张

纸质书籍是基于纸张为主要材料，纸张的选择直接影响书籍开本大小和开本尺寸的设定，纸张和开切方法的不同，直接影响书籍开本尺寸的最终呈现。随着经济的发展，纸张的种类越来越多样，促使书籍开本尺寸越来越丰富。

目前我国常用的正文印刷用纸规格有：尺寸为 787 mm × 1092 mm 的正度纸和889 mm × 1194 mm 的大度纸。随着技术的发展，纸张规格也越来越多样，像880 mm × 1240 mm，850 mm × 1240 mm，880 mm × 1230 mm，890 mm × 1240 mm 等，纸张尺寸规格的多样，为书籍开本尺寸提供了更多的选择。

纸张有三种类型的开切方法，分别是：几何开切法、直线开切法、混合开切法。纸张开切方法的类型不同，得到的开本尺寸是不同的，产生的纸张利用率也不同。基于纸张利用率来说，首先利用率最高、最合理的是几何开切法；其次是直线开切法，虽然这种方法也不会造成浪费，但裁切的纸张张数单双不一，不能完全利用机器进行折页；容易造成浪费的是混合开切法，裁切之后产生多余纸边，并且不利于技术操作。

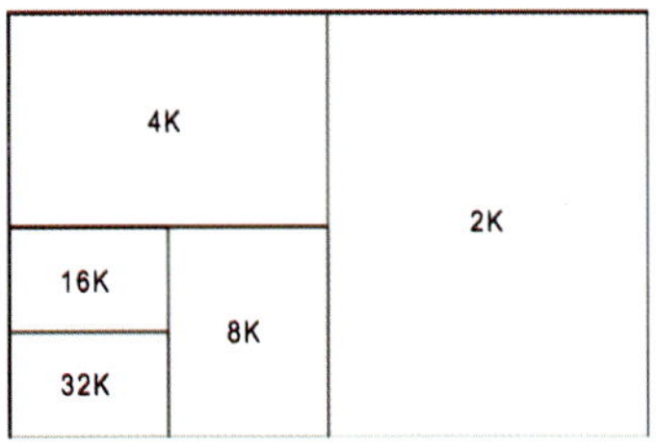


图2-1-2　几何级数开切法

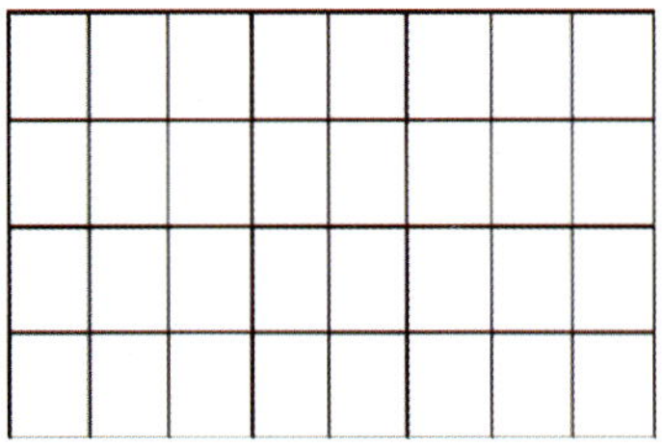

图2-1-3　直线开切法

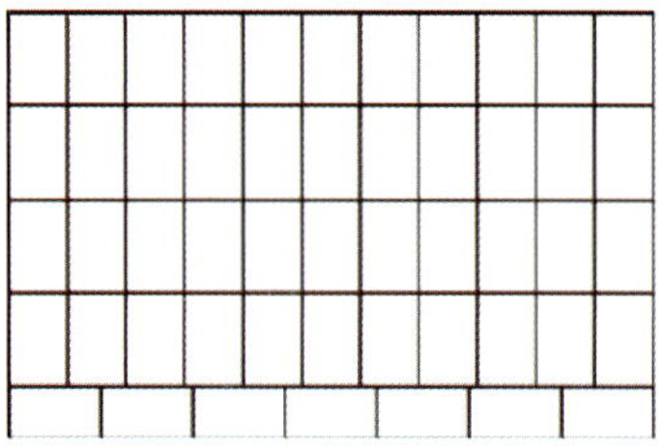

图2-1-4　混合开切法

## 2.1.5 书籍开本与装订

印刷装订是书籍设计中非常重要的环节，往往决定书籍最后的呈现样式。书籍厚度由书籍开本决定，书籍厚度不同，印刷装订方式也会有变化。装订方式有：平装、精装、活页装和散装。

平装装订因装订方法简单，成本低廉，被广泛地使用。平装装订方式分为：骑马订、平订、胶背订、锁线订。每种装订方式的特点都各不相同，一般采用骑马订装订方式的书籍，页数必须是 2 的倍数，胶背订的书籍开本不宜太大，不宜太厚。

精装书精美耐用，装订考究，为名著、画册等贵重书籍所青睐。精装书的装订方式多采用锁线订与胶背订。根据封面软硬的不同，开本设置有所不同。硬质精装封面多采用大中型开本，适宜伏案阅读。软质精装封面多采用中型和袖珍型开本，轻柔舒适，便于携带。

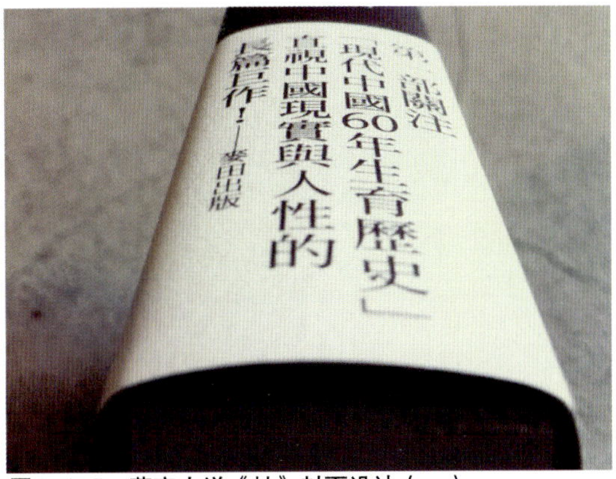


图2-1-5　莫言小说《蛙》封面设计（一）

图2-1-6　莫言小说《蛙》封面设计（二）

图2-1-7　莫言小说《蛙》封面设计（三）

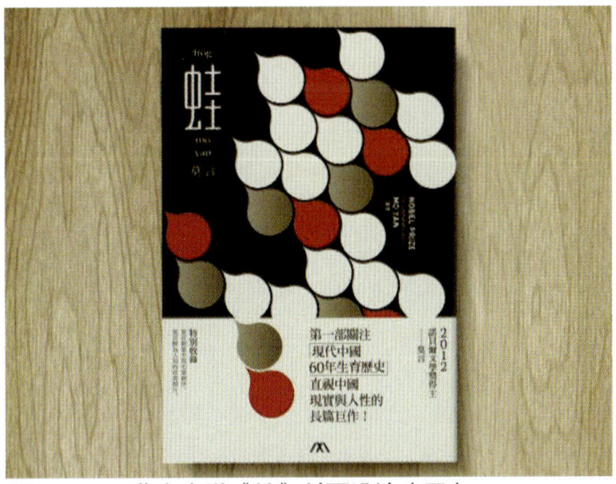


图2-1-8　莫言小说《蛙》封面设计（四）

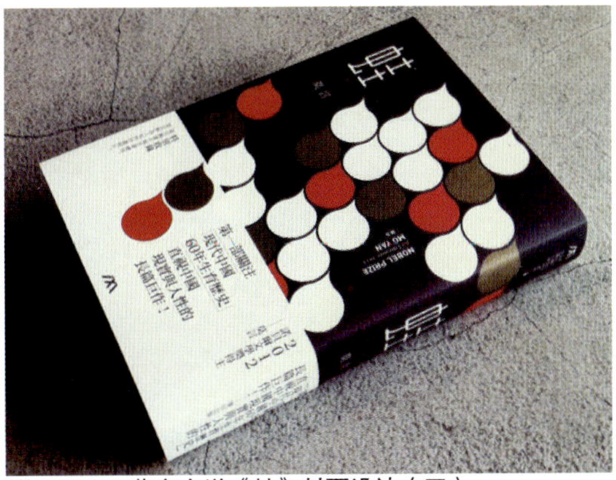


图2-1-9　莫言小说《蛙》封面设计（五）

图2-1-10　莫言小说《蛙》封面设计（六）

活页装抽拿方便，多采用打孔结带等方式进行装订。常用于产品目录、相册簿和日历等。

散装是用密封的袋子、回形夹或盒装制品等把零碎的印刷品切齐装订的方式。散装出版物多自成一页，具有独立性，需要与其他装盛物组合起来，形成完整的书。例如：摄影图片、地图、教学用图、统计图表、造型艺术作品等。

图2-1-11 《短见疾》: 陈火昆（一）

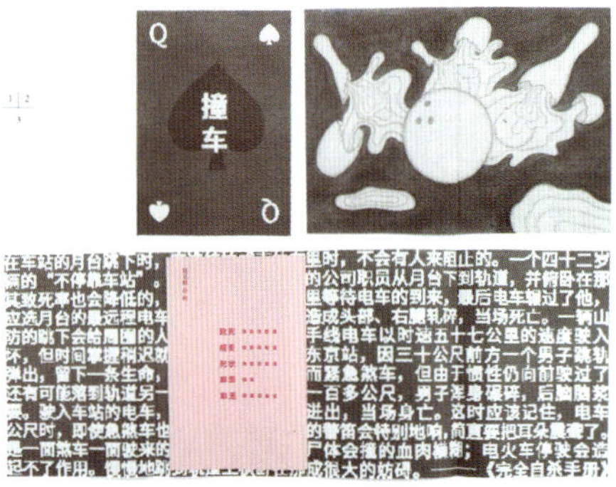

图2-1-12 《短见疾》: 陈火昆（二）

图2-1-13 House Of Cards创意书籍设计

## 2.2 书籍封面设计

书籍的封面设计不仅要表达书籍的内在思想，更是书籍主题的集中表现形式，当读者看到封面的时候，往往可以快速、准确地捕捉到书籍中的内容。成功的书籍封面一定能够让读者对书籍内容具有整体认识和理解。古人云："书之有装，亦如人之有衣，睹衣冠而知家风，识雅尚。"这句话告诉了我们书籍封面的重要性。书籍的封面可以反映书籍的精神内涵。

"封面"的概念可以从两个方面去诠释，一种是广义的封面，是指包着书籍的整个书皮，包括封面、封底、书脊、勒口等各个部分；而另一种是狭义的封面，是指书皮前面的部分，这个概念是针对书脊、封底、勒口而言的。我们主要学习的是广义的封面，即书籍的前封与后封，后面的部分将分别讨论到书脊和勒口。封面设计是书籍设计的重要组成部分，是用艺术语言诠释书籍的内容，使读者能在第一眼看到书的时候对其内容产生感性的认识。传统的书籍封面设计采用传统化、民族化的美术图形，形式过于单一。随着计算机技术的发展，以数字化图片为主要元素的设计形式被广泛使用，一改传统书籍中手工绘画的表现形式。绘画元素和摄影元素经过电脑的后期处理后，被运用到封面的设计中，呈现不同的个性特征。

### 2.2.1 封面设计中的文字

巧妙的文字表现形式可以提高书籍封面设计的趣味性和创意性，增进与读者的情感交流，吸引读者的阅读兴趣。

图2-2-1 《片段与痕迹》尹颖、徐智惟、田仁岩（一）

图2-2-2 《片段与痕迹》尹颖、徐智惟、田仁岩（二）

### 2.2.1.1　书籍封面设计中文字的编排原则

（1）大小与疏密对比原则

在封面设计中应用文字的大小对比原则，可以产生奇妙的视觉效果，给人以视觉的冲击，给读者留下深刻印象。在书籍的封面设计中，疏代表空白，密代表图形文字，在空白中插入一段稠密的文字，文字就会显得醒目、突出。文字的疏密对比会使整个版面显得张弛有力。

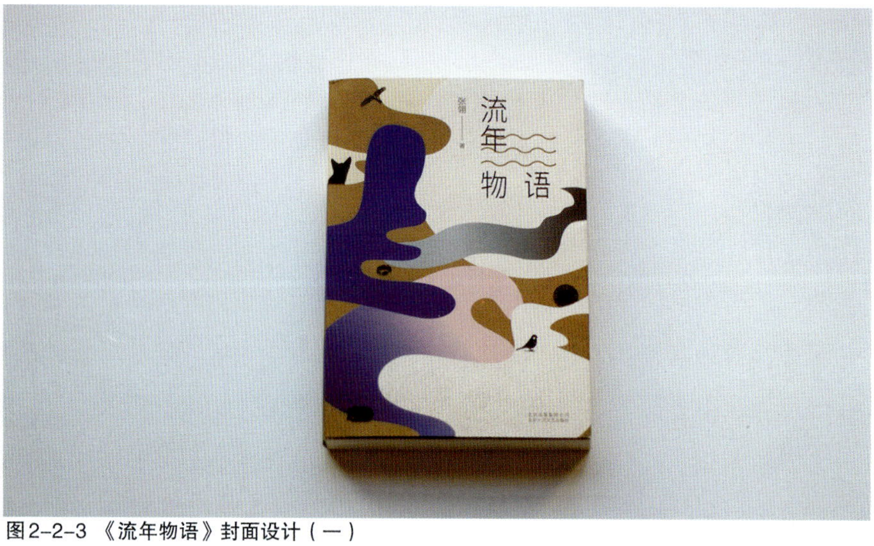


图2-2-3 《流年物语》封面设计（一）

图2-2-4 《流年物语》封面设计（二）

图2-2-5 《流年物语》封面设计（三）

（2）均衡与呼应原则

在书籍封面设计中，版面布局过于均衡会显得单调没生机，但没有均衡的元素，则会显得没有稳定性，所以在书籍封面设计中要力求在动态中求均衡才能显得更加有趣、新颖。

文字与封面的结构布局相呼应。如图2-2-8所示封面，“失蹤”两个字排列在封面的中间，两个字之间的距离有意加大，通过拉大距离，给人空荡荡的感觉，好像重心没有了。繁体的“蹤”与简体的“失”形成一种对比，没有对文字的形做刻意变化，两个字与封面中各种灰暗的点相融合，经过电脑处理后给人一种迷幻、若隐若现的感觉，使整个封面效果别具一格。

图2-2-6 莫言《食草家族》书籍封面

图2-2-7 《枕草子》书籍封面

图2-2-8 《失踪》书籍封面设计

（3）夸张与诙谐原则

夸张就是在书籍封面设计中，为了突出设计对象的某些特点而对图形或文字特点进行夸大化，给读者留下深刻的印象。诙谐则是把不相关的一些事物整合在一起，让人产生奇异的联想，感到趣味性。在封面设计中使用夸张与诙谐的表现手法都是为了给读者带来愉悦的心情。书籍封面的文字是为了与读者进行心灵的沟通、吸引读者阅读兴趣的，所以，封面的元素要能反映书籍内涵。

如图2-2-9，《守下留情》一书记录了在香港中西部地区的旧商铺的影像，探讨了城市化加速影响了某些社区传统的转变。一个汉字“情”，以凹面图形的形式印在这本书里，凹面图形一页一页地逐渐消退，代表着当地社区传统逐渐流逝。

图2-2-9 《守下留情》书籍封面设计

### 2.2.1.2　文字在书籍封面设计中的表现形式

（1）基本字体表现形式

我国文字字体种类多样，各成一家，不同的字体有着不同的特征，选用字体要考虑到字体风格与封面整体风格及内容的一致性。选择合适的字体能够提升书籍整体层次感并给读者带来美的享受。比如，宋体方正平稳、端庄典雅，给人以大气、肃穆、严谨的感觉，适合用于科普类和教育类读物的封面设计；黑体浑厚稳健、字体突出、醒目，刚健有力，运用在书籍封面中会给读者带来强烈的视觉冲击；楷体笔画挺秀均匀、字形端正规范，多用于体现中国传统文化内涵书籍的封面设计，以传递书籍内在的韵味和品质；外文字体是在国际化大潮下发展起来的。外文书籍大多使用英文书写，英文字体在发展过程中受时代文化和审美思潮的影响，风格形式也多种多样，比如古罗马体典雅、均匀，它的特点是小写字母上下伸展线较长，圆形字母中轴线呈一定角度倾斜，这种字体多用在英文书籍封面设计上，常给人一种历史感和高雅感。

图2-2-10 《羞耻》书籍装帧设计：韩家英

图2-2-11 《绿茶》书籍装帧设计：韩家英

（2）美术字体表现形式

美术字体有着较为广泛的运用，一般在横幅标语、招贴画、装潢设计、报纸杂志和书籍装帧设计中用的比较多。美术字体是在宋体字和黑体字的基础上进行特殊的艺术加工、装饰和美化而成的。美术字体可以分为规则和不规则两种形式。规则美术体，外形规则、便于阅读，但不足的地方是较为呆板；不规则美术体，变形自由丰富、个性突出，具有很强的装饰性（如图2-2-12至图2-2-14）。图中的封面在字体中加入个性化元素，进行艺术化处理，摆脱传统形式的束缚，加入现代艺术审美元素，克服了千篇一律的文字摆列方式，增强了视觉冲击力。个性化的元素可以表达出设计师对书籍内容的理解和诠释，让读者更易于理解书籍内容，从而使书籍封面字体更具象征意义。

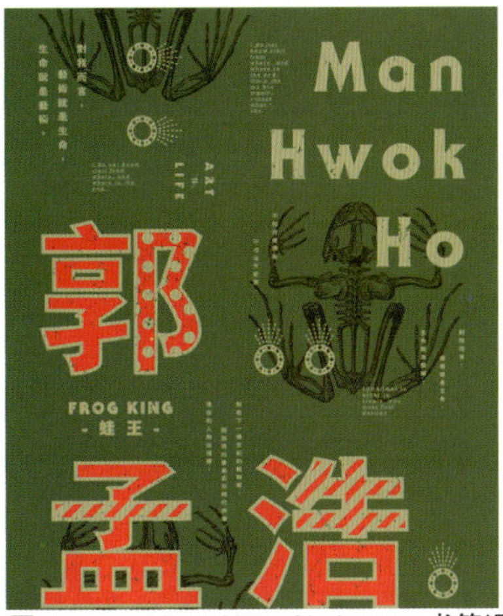

图2-2-12　Frog Kong-No Legacy书籍设计（一）

图2-2-13　Frog Kong-No Legacy书籍设计（二）

图2-2-14　Frog Kong-No Legacy书籍设计（三）

（3）创意字体表现形式

创意字体就是对基本字体进行再创造，它可以摆脱基本字体的局限性，充分发挥想象力，采用巧妙的方法对基本字体进行装饰、创造，以增强文字的吸引力，将文字信息以具有视觉传达艺术效果的形式表现出来。将新颖、有创意的字体运用到书籍的封面设计中，会使封面更具有视觉表现力，使读者能够在快速、准确了解书籍基本内容的基础上，享受封面带来的美感。在封面设计中应用创意字体的时候，首先要保持书籍整体风格的统一，也就是要将书籍形态统一化、规范化，编排组合要体现鲜明感；其次，创意字体的笔画书写形式要统一，即笔画倾斜度要一致，以具备整体性；最后，创意字体在封面空间的分配要均衡，这样才能产生视觉美感。

图2-2-15　《爱丽丝梦游仙境》书籍封面设计：西班牙Enrique（一）

图2-2-16 《爱丽丝梦游仙境》书籍封面设计：西班牙Enrique（二）

图2-2-17 《爱丽丝梦游仙境》书籍封面设计：西班牙Enrique（三）

（4）书法字体表现形式

书法字体变化多端，民族特性鲜明，书卷气息浓厚，艺术品位高雅，狂放不羁，有着极强的艺术感染力。一本图书的封面设计要以表现出书籍本身的内容为出发点来整合文字、图形、色彩的搭配形式，书法字体在封面设计中的运用要起到提炼和表现书籍内容的作用，同时还要跟其他的设计元素和谐统一。不同的书法字体有不同的特点，比如大篆体写实有力，粗豪狂放；小篆体严谨大方，均圆柔婉等。所以，要根据设计的中心思想，结合不同书法形式的特点，合理设计封面，使书法元素传达的思想和书籍所要表达的思想相一致，烘托出书籍独有的韵味，让读者在短时间内获取书籍的大致内容。

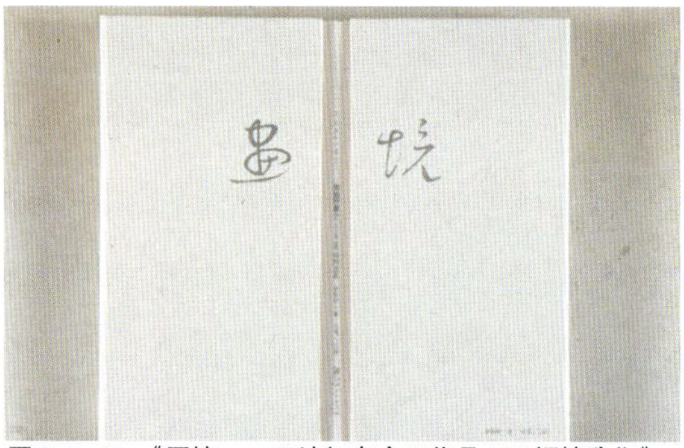

图2-2-18 《画境——天地行者余工作品100幅精选集》（一）

图2-2-19 《画境——天地行者余工作品100幅精选集》（二）

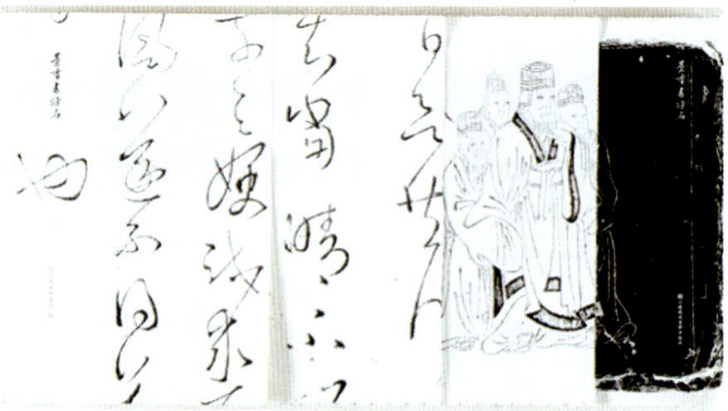

图2-2-20 《墨香书条石》

（5）图形化表现形式

中国汉字起源于古老的象形文字，历史文化源远流长，在当代的书籍封面设计中，汉字图形有着极为广泛的运用。汉字图形化就是把文字作为设计要素，对字体进行图形化处理，从而使封面设计充满强烈的视觉冲击。汉字图形化把文字符号转化为具象符号，具有更加贴切的表现力，能够准确地将信息传达给读者。在书籍的封面设计中，运用图字结合的方式，利用文字可以图形化和再创造的特点，应用替换、叠加、分解重构、肌理表现、手写表现等多种表现手法进行设计。设计师们应该深刻理解文字含义，充分发挥想象能力进行巧妙构思，将文字图形化，从而给书籍封面设计带来形象、真实、生动的艺术气息。

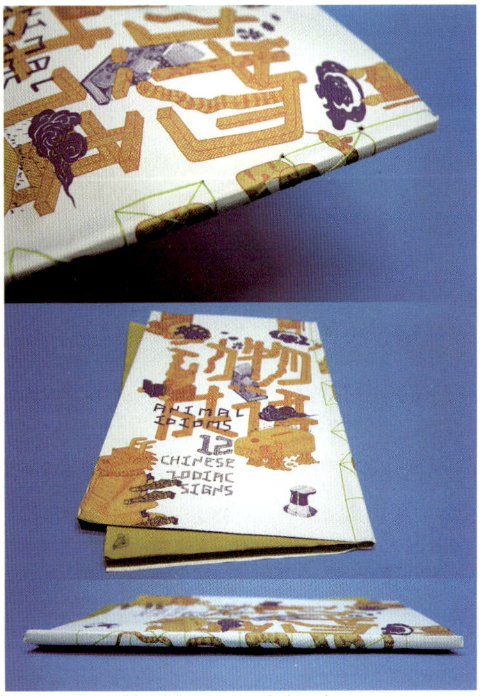


图2-2-21 《繁花》封面设计（一）

图2-2-22 《繁花》封面设计（二）

## 2.2.2 封面设计中的图形

人类使用图形符号由来已久，至少可以追溯到旧石器时代。文字诞生后，图形符号并未因此而消亡。1925年，奥地利科学家、哲学家奥图·纽拉特甚至创造了一套图形符号系统，希望以此来取代文字。图形符号具有直观、简明、易懂、易记等特征，并且不依托于某种具体的语言或文字，使信息传递更为便捷，不同年龄、不同文化水平和不同语种的人均可于接受和使用，因而可以跨越语言和国别的障碍，具有国际化的优势。在艺术设计领域，图形符号往往受到青睐。

### 2.2.2.1 元素的直接运用

直接运用图形设计元素是将与书籍内容相关联的图形，通过合理的摆放呈现出来，也是一种比较常见的设计手法，突出了图形元素的真实感，拉近了书籍与读者之间的距离（如图2-2-23至图2-2-26）。

图2-2-23 《源氏风物集》书籍设计（一）

图2-2-24 《源氏风物集》书籍设计（二）

图2-2-25 《源氏风物集》书籍设计（三）

图2-2-26 《源氏风物集》书籍设计（四）

### 2.2.2.2 图形元素的间接再现

除了直接运用图形元素，也可以采用间接再现的表现方法，不是再现图形的原貌，而是在原貌的基础上进行艺术的加工、提炼，间接再现的手法蕴含着我国传统文化的“含蓄美”。其实我们留意一下身边的书籍就不难发现，并非所有的书籍封面设计都直接运用图形元素，有些成功的作品是以间接再现的表现方式来构造封面的主体形象，这些成功的设计作品最大的特点就是采用读者最为熟悉或者最为亲切的视觉元素，从读者的感受出发，将人们所熟悉的物象在不改变其原来形象特质的基础上进行创意设计，通过后期的创意设计，把为人们所熟悉的图形元素转变成新奇的艺术表现形式，它超越了图形元素的固有原貌，甚至是打破了空间界限，把不同空间的视觉元素巧妙地安排在一起，这样新奇独特的方式必然会给读者以强烈的视觉冲击。

此外，间接再现方法不仅可以在图形原有形象基础上进行创意设计，还可以对同一画面上同一图形元素在不同视角、不同位置所显示出来的不同部分进行重新组合，凭借图形元素所反映的信息，以原有视觉经验在脑海里还原主体形象，这样可以大大增加视觉的趣味性。

### 2.2.2.3 图形元素的组合重构

书籍设计中的图形元素，有的是根据书籍所要传达的信息，在看似毫无关联的形态之间寻求可以使它们产生关联的因素——共性因素，然后再利用书籍设计特有的形式加以组合产生新的视觉效果（如图2-2-27、图2-2-28）。这里的图形元素可以是同一类型的，也可以是不同类型元素的组合重构。

图2-2-27 《月光在左手上》封面设计（一）

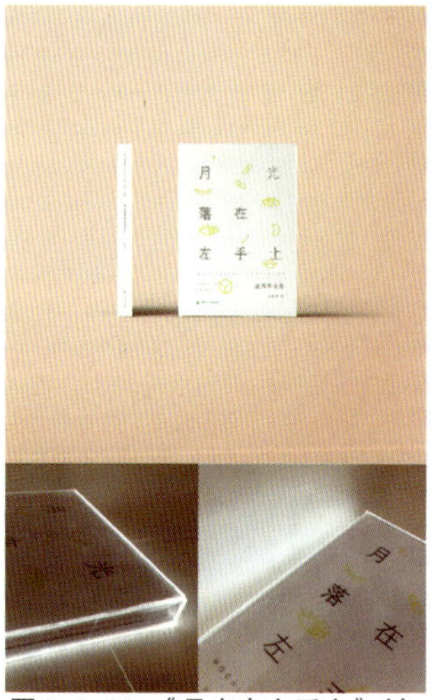

图2-2-28 《月光在左手上》封面设计（二）

在书籍设计中，有时并不是把图形元素完整无缺地运用到书籍中，而是利用电脑图形处理软件对所需的图形元素进行加工处理，有的则是截取其中的一部分与其他设计元素组合重构，使之成为书籍封面形象中的一部分，有时完全看不出组合重构后新图形的原始素材，这种表现形式意在对书籍内涵进行多层次表现，可以说它延续了后现代艺术的一个重要特征——拼贴，把互不相干的设计元素通过电脑的后期处理进行剪贴、重叠组成新的图形（如图2-2-29至图2-2-31）。

图2-2-29 《衣时日纸——时》封面设计（一）

图2-2-30 《衣时日纸——时》封面设计（二）

图2-2-31 《衣时日纸——时》封面设计（三）

### 2.2.2.4 发掘传统图形符号的魅力

图形符号无法脱离社会而单独存在，其社会价值须置于特定的地域环境或文化环境中去发掘，艺术家或设计者在创造图形符号的过程中，总是自觉或者不自觉地被某种文化理念所引导，所以图形符号也传承着对应文化中难以用语言表达的深层意向。图形符号的社会意义和文化魅力需以易懂和易记的方式呈现给读者。

涉及历史、文化题材的图书，其封面往往适合运用传统的图形符号，如饕餮纹、寿字图纹、太极图案、藤蔓纹等，它们代表了中国文化的一个侧面及其延伸部分，成为文化传承的视觉标记。书籍能否吸引读者，封面的重要性不言而喻。封面就是书籍的“容颜”，书籍的内容和内涵也需要通过封面表达，两者有时可以借助图形符号的使用实现有机结合。

经过多年的倡导与积累，在书籍装帧设计中优先使用“中国化图形符号”的理念已日益为中国出版界和设计界所接受，这有利于推动中国书籍设计艺术及我国设计家走向国际，传播中华文化。

《小红人的故事》叙述了作者在20世纪80年代到大西北的农村采风考察所获的深切感受以及作者创作充满灵性的剪纸小红人的故事（如图2-2-32）。全书的主色调为红色，浑身上下，从函套至书芯、从纸质到装订样式、从字体的选择至版式排列，以及封面上的剪纸小红人，无不浸染着传统民间文化丰厚的色彩。设计者熟练地运用中国设计元素，与书中展现的神秘而奇瑰的乡土文化浑然一体，让读者越读越觉出其中的滋味。书籍的整体设计风格淳朴、浓郁，极具个性。

图2-2-32 《小红人的故事》书籍封面设计（一）

图2-2-33 《小红人的故事》书籍封面设计（二）

图2-2-34 《额济纳汉简》书籍封面设计

图2-2-35 《新疆佛教艺术》书籍封面设计

图2-2-36 《四川博物院文物精品集》书籍封面设计

图2-2-37 《红楼梦》书籍封面设计

图2-2-38 《红楼梦》书籍设计（一）

图2-2-39 《红楼梦》书籍设计（二）

## 2.2.3 封面设计中的色彩

书籍的精美封面以特殊的创意形象展示书籍的内涵。精美的封面能引发读者强烈的阅读兴趣，从而深刻地理解书籍的内涵。书店的书籍琳琅满目，最能吸引读者眼球的就是书籍封面的色彩了，由此可见书籍封面色彩的重要性。书籍的封面既要色彩纷呈，也要留有空白。封面的留白绝不是没有意义的，它与封面中的色彩与图像相得益彰，共同诠释着书籍的内涵。

### 2.2.3.1 封面设计中色彩运用的规律

书籍封面的色彩是为书籍的内涵服务的，因此，设计封面时要通过巧妙的色彩设置来表达书籍的深刻内涵，从而使读者获得愉悦的审美体验。

（1）封面的色彩设置要与书籍内容相适应

封面的色彩设置要符合各类书籍的特殊用途，不同种类的书籍应该使用不同的色彩组合，这是封面色彩设计最基本的要求。要根据书籍的内容设置色彩，还要运用色彩表达封面的文化创意。例如，理论书籍的封面往往色彩庄重；儿童读物的封面往往色彩明艳；而青年读物的封面往往色彩时尚等。总之，封面的色彩要根据书籍的种类和内容进行设置（如图2-2-40、图2-2-41）。

图2-2-40 《金圣叹选批唐诗六百首》封面设计（一）

图2-2-41 《金圣叹选批唐诗六百首》封面设计（二）

（2）封面的色彩设置要整体和谐

封面的色彩要统一和谐，封面的色彩就是书籍的衣着，因此，封面色彩的设计，既要符合书籍内涵，与书籍内涵浑然一体，又要发挥设计者的独特创意，使书籍内容凸显于创意形象之中。要想设计出理想的封面，敷彩技术就要高超（如图2-2-42）。

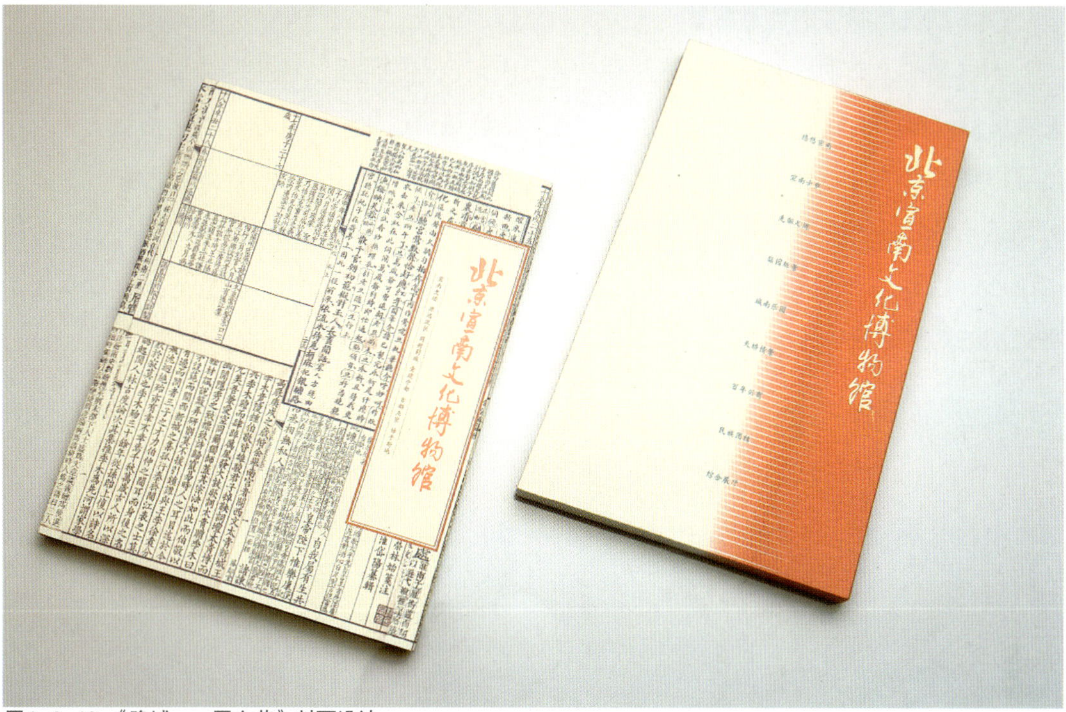

图2-2-42 《隐域——恶之花》封面设计

（3）封面色彩敷设要装饰美和象征美并重

封面色彩敷设是为了表现书籍的装饰美，要求在统一协调的情况下注重色彩的对比。封面色彩有多种对比形式，既有浓艳和淡雅的对比协调，又有体现传统审美意识和新鲜创意的统一。装饰性的色彩含蓄而夸张，通过个性化的色彩组合来表达书籍的内涵（如图2-2-43、图2-2-44）。我国现代很多作品的封面设计就是这种特色的典型代表。封面色彩敷设也使用象征的手法，色彩不同引起的读者体验也不同：红调给人热情洋溢的感觉，蓝调给人理性优雅的感觉，黄调给人明朗华丽的感觉。因此设计者要把封面色彩、书籍内涵和设色技巧深度融合，使之浑然一体，在这种意识下进行敷彩，从而体现出色彩的象征意义。

图2-2-43 《繁花》封面设计（一）

图2-2-44 《繁花》封面设计（二）

（4）理性与感性的色彩配置

封面敷彩，必须学会理性与感性相结合。因为色彩的明度、色相、纯度、冷暖等维度变化多端，微小的变化就可能激起读者心底的情感涟漪。封面的色彩表现和恰当的意象表达可以使书籍的内涵得到彰显，因此书名、底色和配图的色彩运用都要逐一考量。恰如其分地运用色彩的明度、纯度、色相等元素，就会展示给读者无穷的艺术魅力。总之，封面上图形的色彩、书名的色彩、文字的色彩，它们的完美组合产生的强烈气场会直接勾起读者强烈的购买欲望（如图2-2-45至图2-2-47）。

图2-2-45 《桃花坞新年画60年》(一)

图2-2-46 《桃花坞新年画60年》(二)

图2-2-47 《桃花坞新年画60年》(三)

### 2.2.3.2 几种特殊种类的书籍的色彩设置

封面是书籍的外貌，要充分体现书籍的性格特点，运用图文与色彩的完美组合开展与读者的互动交流。其中，色彩传递出的魅力，使读者加深对书籍内涵的理解，从而感受到不同种类书籍丰富的内涵和气息。

（1）小说类

①暖色与冷色互相配置时，要缩小暖色的面积。

②配置明快色与暗色时，要采用色调低的颜色作背景，配以色调高的颜色为主体，以使色彩效果稳定。

（2）儿童读物、时尚类书籍

①儿童类书籍的封面设计要运用明快鲜艳的色彩，重复、交替排布不同色彩，产生强烈的视觉冲击。据调查，儿童喜欢的颜色明度较高，如大红、中黄。他们比较偏爱暖色，在设计封面时要注重活泼，显示出童心和稚气。

②色彩搭配要带有方向性，以便产生渐变的动感。年轻人崇尚时尚感，例如化妆品类书籍的色调多柔和素雅，让人产生护肤美容的欲望；服饰类书籍的色调多典雅和谐，有着庄重的格调。

（3）理论、工具类书籍

①理论、工具类书籍的封面设计多采用同种颜色，整体形象显得单调统一，多用蓝色、深灰、紫色、朱红等颜色。

②理论、工具类书籍的封面如采用多种颜色进行设计，色调效果就会呈现强烈对比而又和谐统一，如采用单色调就会显得风格简洁。

图2-2-48 《神奇校车》儿童书籍设计

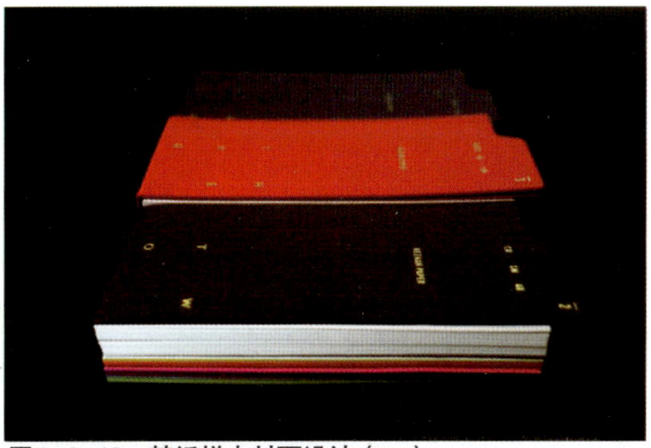
图2-2-49 某纸样本封面设计（一）

图2-2-50 某纸样本封面设计（二）

图2-2-51 某纸样本封面设计（三）

图2-2-52 某纸样本封面设计（四）

图2-2-53 某纸样本封面设计（五）

## 2.2.4 封面设计中的材质

### 2.2.4.1 可运用材质的多样性

（1）装帧常用材质

纸张是现代书籍装帧的主要材质。纸又分为很多种：有合成纸、铜版纸、硫酸纸、胶版纸和特种纸等。合成纸是由化学原料制作的，具有质地柔软、耐低温、耐高温和防水等优点，既环保又免去被化学物质的侵蚀。铜版纸是在原纸上涂抹白色涂料的高级纸张，多用于印刷高级画册、书刊的封面和名片等。胶版纸纸面光滑白皙，但是没有铜版纸光滑，吸水性很好，适于印刷色彩丰富的书刊画报和各种包装封皮。硫酸纸又称植物羊皮纸，纸张呈半透明状，纸质强韧、抗拉伸不易变形、很方便对其加工，大多应用于书的环衬，也应用于绘图等（如图2-2-54至图2-2-56）。特种纸有许多特殊的纹理，有的带有色彩，其表面区别于普通纸张，特种纸在装帧设计中运用得当效果是非常惊人的。

图2-2-54 《蒋勋破解达芬奇之美》（一）

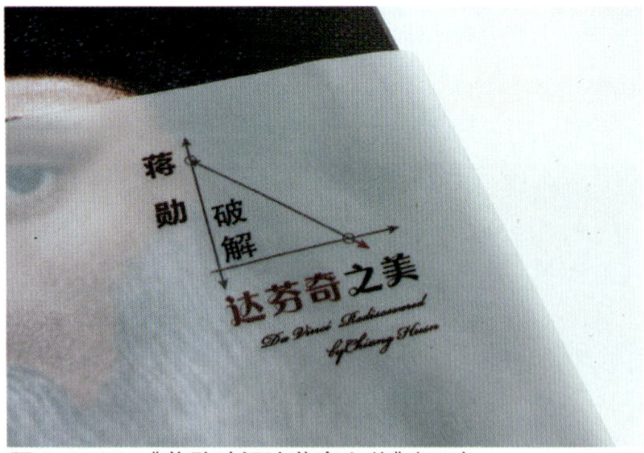


图2-2-55 《蒋勋破解达芬奇之美》（二）

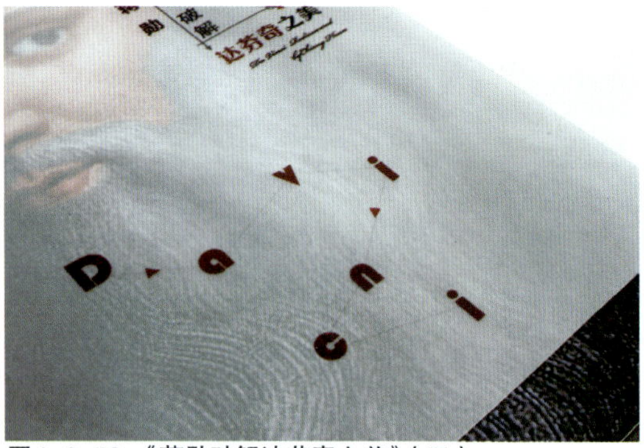

图2-2-56 《蒋勋破解达芬奇之美》（三）

（2）装帧特殊材质

装帧设计中的材质除了纸之外还可以选择许多特殊材质（如图2-2-57至图2-2-71），

例如，木材、布料、各类金属、皮革、丝织品、海绵等。丝织品包括棉类、麻和化学纤维等。根据书籍的种类可以选择不同类别的丝织品在封面上作为装饰。人造皮革以及真皮都可以用来烫印，人造皮革价格实惠，是制作书籍封面的绝佳选材。真皮价格昂贵加工也不方便，在高档贵重的书籍中会选用这类材质。木材价格相对较高，加工很不方便，但是木材的视觉效果好。

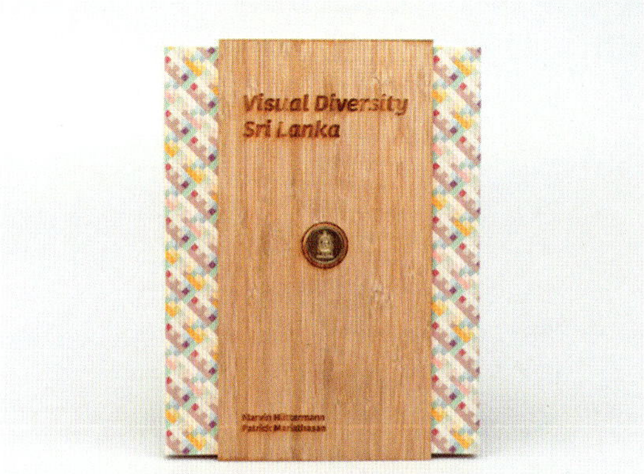

图2-2-57　*Visual Diversity Sri Lanka* 书籍设计（一）

图2-2-58　*Visual Diversity Sri Lanka* 书籍设计（二）

图2-2-59　*Visual Diversity Sri Lanka* 书籍设计（三）

图2-2-60　*Salesforce* 书籍设计（一）

图2-2-61　*Salesforce* 书籍设计（二）

图2-2-62　*Salesforce* 书籍设计（三）

图2-2-63　*I Love Forest*迷你书籍设计（一）

图2-2-64　*I Love Forest*迷你书籍设计（二）

图2-2-65　Folky系列书籍封面设计（一）

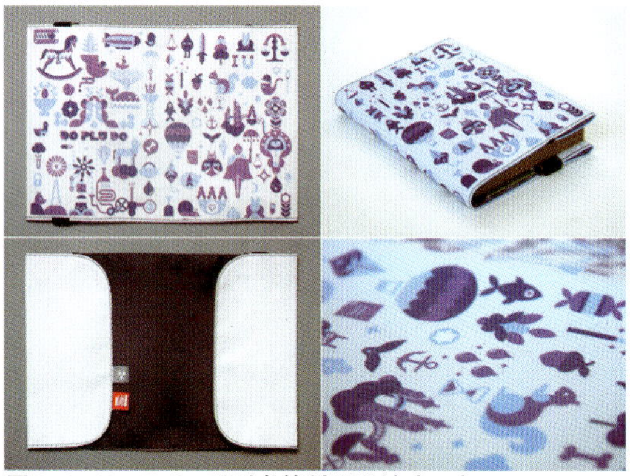

图2-2-66　Folky系列书籍封面设计（二）

图2-2-67　Folky系列书籍封面设计（三）

图2-2-68　Folky系列书籍封面设计（四）

图2-2-69　Folky系列书籍封面设计（五）

图2-2-70 《月光在左手上》封面设计

图2-2-71 《山野清风》封面设计

## 2.2.4.2 不同材质带给人的不同感受

纸张作为当今书籍装帧的主要材质能够唤起人们的某种共鸣。日本装帧艺术家杉浦康平曾经提出书籍的“五感说”，由于视觉的直观性，大家都只注重视觉感受，但是“五感说”认为人们是通过视觉、听觉、嗅觉、味觉、触觉来感受书籍的。书籍装帧选用的不同材质本身就会给读者带来不同的视觉效果和不同的气味和触觉，给人的心理感受是不同的。纸张的柔软、坚韧、粗糙、细腻、平滑或者凹凸不平等不同形态也在视觉和触觉上带给读者不同的心理感受。如用硫酸纸做的环衬，配上特殊的工艺就会给读者带来别出心裁、高档的视觉感受。《漫游——建筑体验与文学想象》（如图2-2-72至图2-2-75）获得了2011年德国莱比锡“世界最美书”的称号，该书运用了八种以上不同的纸张材料和许多工艺制作而成，打开扉页，就有多种质地和大小不一的纸张叠加在一起，展现出建筑物的形态，从视觉和触觉上带给读者不一样的感受。

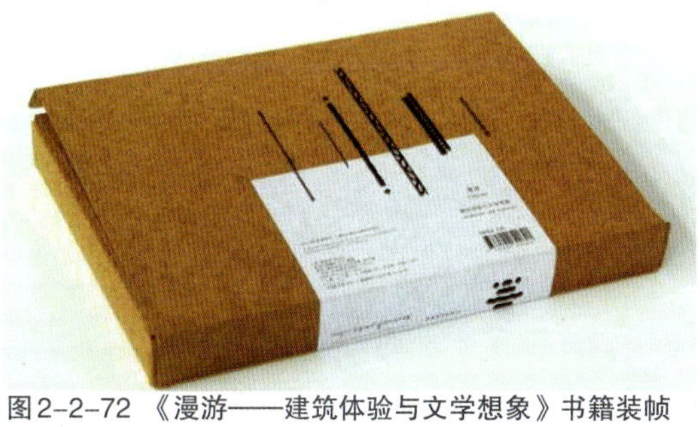

图2-2-72 《漫游——建筑体验与文学想象》书籍装帧设计（一）

图2-2-73 《漫游——建筑体验与文学想象》书籍装帧设计（二）

图2-2-74 《漫游——建筑体验与文学想象》书籍装帧设计（三）

图2-2-75 《漫游——建筑体验与文学想象》书籍装帧设计（四）

在特殊材质中，金属玻璃和塑料这些材质给人的感觉是偏冷的，运用在书籍装帧中会给人硬朗、理智的机械现代感；布料应用在装帧设计中会给读者温暖朴实的感觉，更具有亲和力，不同颜色的布料又会带给人不同的感觉；木材应用在装帧设计中会让人想到古代的书籍，给人一种复古自然的感觉。《马克思手稿影真》是书籍装帧大师吕敬人的作品（如图2-2-76），吕先生用纸张、木板、牛皮、金属等材质以及印刷雕刻等别出心裁的创新工艺制作出了书籍装帧全新的表现形式，让人看起来既具有复古的时代感又具有亲和力，让人觉得趣味性十足。

### 2.2.4.3 运用材质语言进行设计时要体现书籍的内涵和精神

设计书籍时，设计师先理解书籍的内容，领悟书籍的精神内涵，再寻找适合的材质语言进行创作，完成对作品的初步构想。但这并不意味着设计师会把最初的构想原封不动地搬入作品当中，使其最终效果和初步构想达到完全一样。材质的选择只是整个创作过程中的起点，设计期间蕴含着感知、发现、舍弃等因素，经过对自身情感细微变化的关注，不断地加以改进和完善，创作一件成熟的设计作品。

书籍设计大师吕敬人在他的《吕敬人书籍设计教程》一书中提到 ："只有与书籍本身的品味相结合，设计艺术才有生命，才能发挥出书籍的导读作用。"吕敬人先生的设计注重细节，强调整体感，凝重、精致而富于质感；运用的材质也相当考究，变化多样，独辟蹊径 ；封面整体形象及所用符号则追求与图书内容的融会贯通。翻开《朱熹千字文》（如图2-2-77至图2-2-79），封函仿宋代印刷的木雕版，将一千字反雕在桐木板上，并以皮带穿起，如意木扣合，构成了造型别致的书籍形态，遒劲、粗犷的字迹仿佛从纸上立起来，嵌入一个古老的石碑。作品将中国传统书装样式与新的设计理念做了巧妙地整合，使得整套书的外在形象美轮美奂，达到古典优雅的气质与现代时尚完美地融合。

图2-2-76 《马克思手稿影真》书籍装帧设计

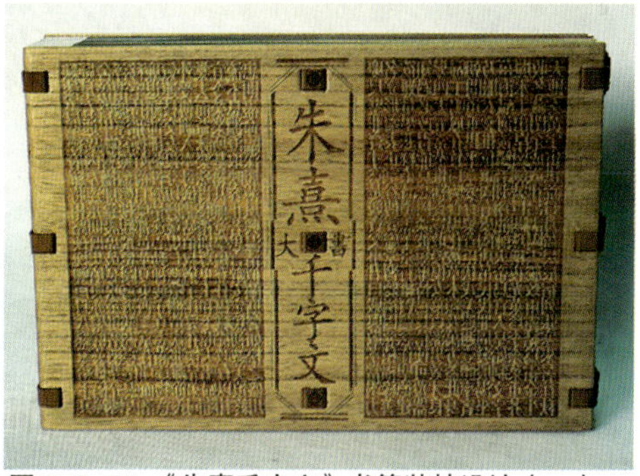

图2-2-77 《朱熹千字文》书籍装帧设计（一）

图2-2-78 《朱熹千字文》书籍装帧设计（二）

图2-2-79 《朱熹千字文》书籍装帧设计（三）

书籍设计作为一种文化的继承形式，也是满足有效阅读的需要。我们应该重视书籍的设计原则、艺术美感和文化品位，敏锐地捕捉和把握当今社会的审美需求和趋势，融合艺术美、材质美和技术美，使书籍设计内外兼优，进而达到神形兼备的审美效果。

# 2.3 书籍的版式

版式设计是装帧设计的重要组成部分，也是核心部分，它的好坏将直接影响书籍的整体质量。优秀的版式设计不仅可以充分地展现图书的内容，而且还可以反映图书的内在气质，能够愉悦读者，让读者与图书有一种情感上的交流。具体地讲，所谓版式设计就是将图片与文字以及色彩进行组合排版，形成一幅既具有美感又能传达信息的画面的一种设计。

## 2.3.1 书籍版式设计的类型

### 2.3.1.1 古典版式设计

古典版式设计是15世纪中期以德国人古腾堡为代表的一些欧洲艺术家所确立的古典版式设计。特点是以订口为轴心，左右两页相对称，内文版式有严格的限定。字距、行距要有统一的尺寸标准，未印刷的空白部分均按照一定的比例关系组成一个保护性的框子，嵌入版心内的图片的黑白关系及文字油墨深浅都有严格的对应标准。

图2-3-1 古典版式设计

### 2.3.1.2 网格（Grid）设计

20世纪30年代，网格设计起源于瑞士。它的特点是运用数学的比例关系和固定的格子设计版面，把版心的高和宽分为一栏、二栏、三栏以及更多的栏，由此规定了一定的标准尺寸，并运用这个标准尺寸来安排文章、标题和图片，使版面具有一定的节奏变化，未印刷部分成为被印刷部分的背景，网格设计方式在实际运用中虽然具有科学性和严肃性，但同时也会使版面显得呆板。

现在大幅面的图书、刊物等常用分栏的设计方式。

网格设计的结构应根据书籍的内容灵活应用，使其布局不呆板。在现代设计中创造性地应用网格设计尤为重要（如图2-3-2至图2-3-4）。

图2-3-2　分栏版式设计（一）

图2-3-3　分栏版式设计（二）

### 2.3.1.3　自由版式设计

由于摄影胶片剪辑技术和电子排版技术的应用，使自由版式设计的发展有了可能。进入20世纪90年代后期，由于电脑制版技术的普及，自由版式设计得以在世界范围内广泛流行，并越来越为人们所重视，成为一股势不可挡的设计潮流（如图2-3-4至图2-3-6）。

图2-3-4 《咸湿》版式设计（一）

图2-3-5 《咸湿》版式设计（二）

图2-3-6 《咸湿》版式设计（三）

## 2.3.2 版式设计中的留白

### 2.3.2.1 版式设计的空间性

（1）版式设计的黑白空间

在进行版式设计时，要在文字与图片之间留出合适的空白面积，不可将文字与图片做得过于花哨，把大量的信息堆在一起，也不可留有大面积的空白，认为留有大量空白就可以提升版面整体的层次感，是绝对不够的，只有把版面设计得清晰、得当，使读者体会到设计内容的新意，这才是设计者的最高境界。打破原有的呆板体系，适当合理地留出空白，使版面内容给读者带来清晰、活跃的感觉，减少视觉疲劳（如图2-3-7至图2-3-11）。

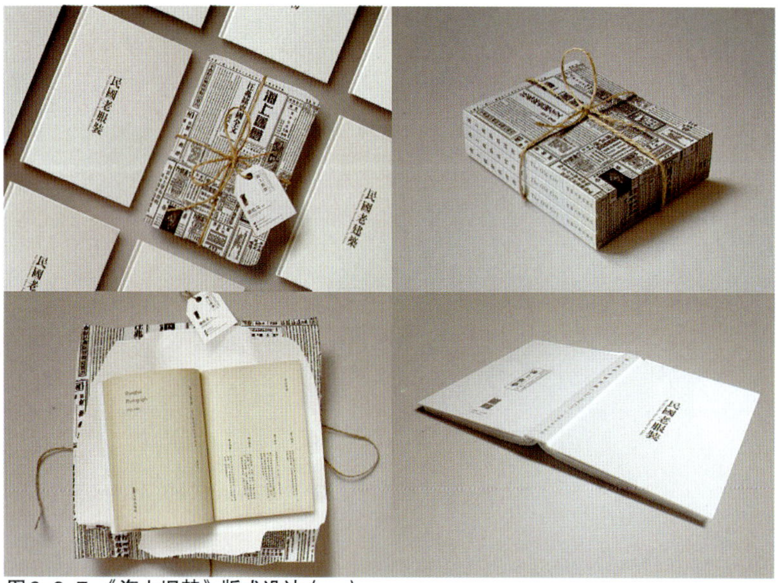

图2-3-7 《海上旧梦》版式设计（一）

图2-3-8 《海上旧梦》版式设计（二）

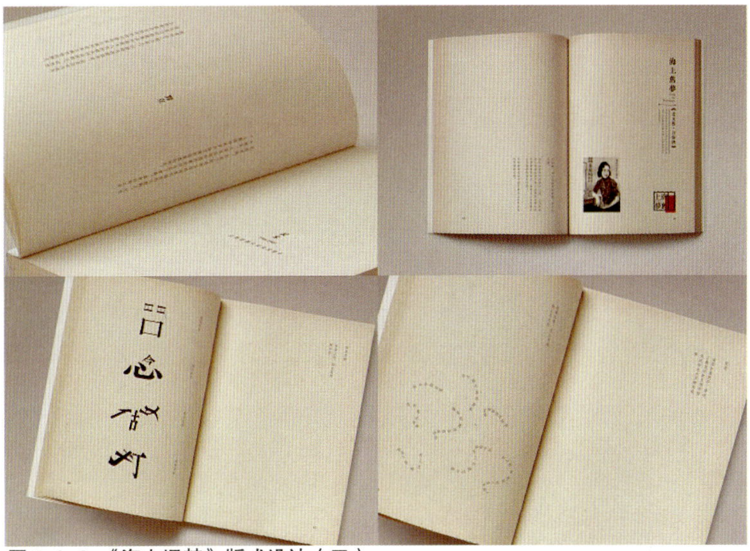

图2-3-9 《海上旧梦》版式设计（三）

图2-3-10 《海上旧梦》版式设计（四）

图2-3-11 《海上旧梦》版式设计（五）

（2）字图一体的版式设计空间

人们所说的字体图形就是把文字与图形融为一体，这种字图一体的版面设计方式，既有文字的平面性，又有图片的立体性。但是，照片与示意图又有所不同，照片与示意图相比，照片比较偏向实际，受到的限制比较多，而示意图设计就会有比较大的自由空间，可以根据设计者的思路对作品的形状、大小等进行设计。字图一体的版面设计方式，使版面中的文字和图片形成一定的视觉中心，还可以不断增加版面的层次，加强空间画面的立体感（如图2-3-12至图2-3-14）。

图2-3-12　I.T POST时装季刊（一）

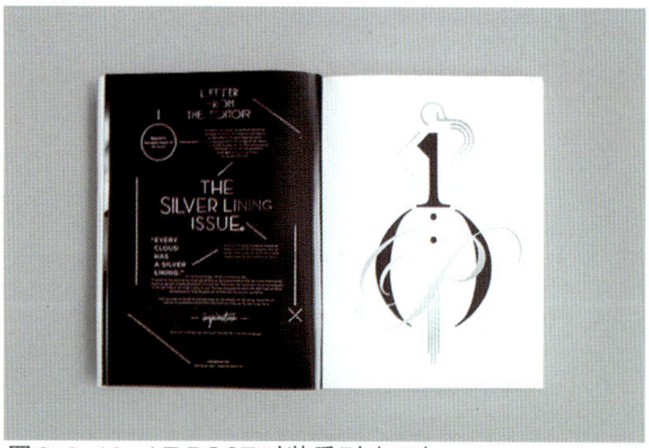

图2-3-13　I.T POST时装季刊（二）

图2-3-14　I.T POST时装季刊（三）

（3）版式设计的多维空间

随着社会文化水平的提高，版式设计的水平与地位也不断提高，读者的欣赏水平也变得多元化，所以设计师从原来的二维程式化设计模式，逐渐地转向三维甚至四维的空间设计模式融合各种设计元素，制造出多维的空间立体效果，把人们的思维向多维空间进行延伸。

### 2.3.2.2　留白的作用

（1）通过留白突出版面主题，强化版面重点在版式设计中想要吸引读者，就得有一个明确的主题，这就需要在版面中设计出一个有特色的视觉中心，来吸引读者的注意，有效地传达设计主题。研究结果表明，人类比较容易被纸张中留着的空白处所吸引，所以在版面的空白处加上主题，并与周围的各种设计元素形成对比，突显主题，形成视觉焦点，可以帮助读者缕清设计作品的思路，读懂作品（如图2-3-15至图2-3-23）。

图2-3-15 《德国最美的书》书籍封面设计（一）

图2-3-16 《德国最美的书》书籍封面设计（二）

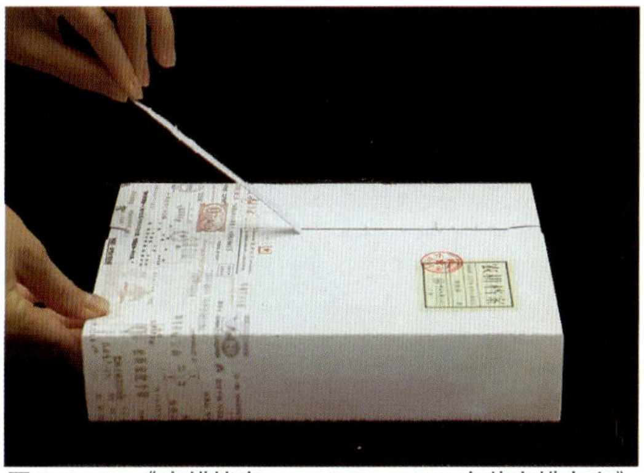

图2-3-17 《农耕档案——1949—1979 东莞农耕史实》书籍设计（一）

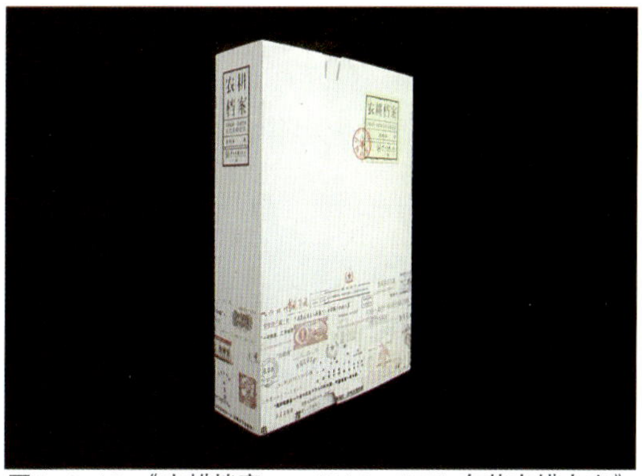

图2-3-18 《农耕档案——1949—1979 东莞农耕史实》书籍设计（二）

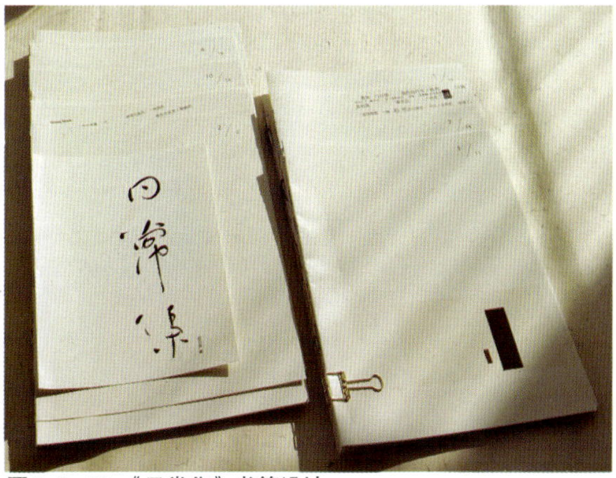

图2-3-19 《日常集》书籍设计

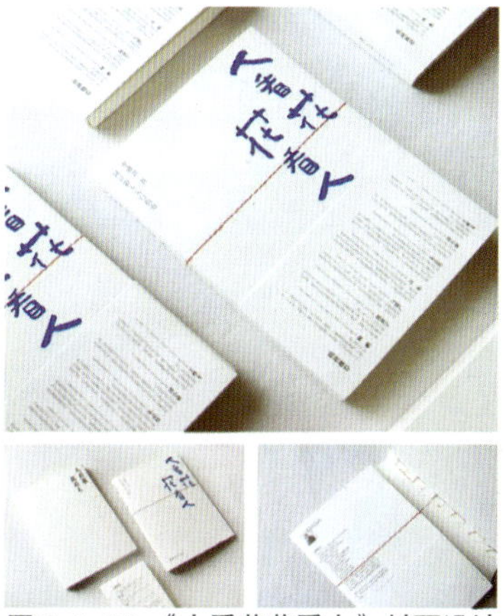

图2-3-20 《人看花花看人》封面设计

图2-3-21　王志弘书籍封面设计

图2-3-22 《出卖》书籍封面设计

图2-3-23 《青春》书籍封面设计

（2）通过留白强化版面的视觉层次

版面设计要素有很多，我们不但要了解他们之间的关系，还要让他们分布得错落有致，在视觉上带给人一种美感，同时在版面上留有空白，调节画面上文字与图片之间的视觉层次。例如，在设计版面的时候，同一个信息要素要减少留白；反之，不同的信息要素就要增加留白，利用版面上的信息要素，突显同一空间的视觉层次，增加设计作品的层次感。

图2-3-24 《筑冠》封面设计

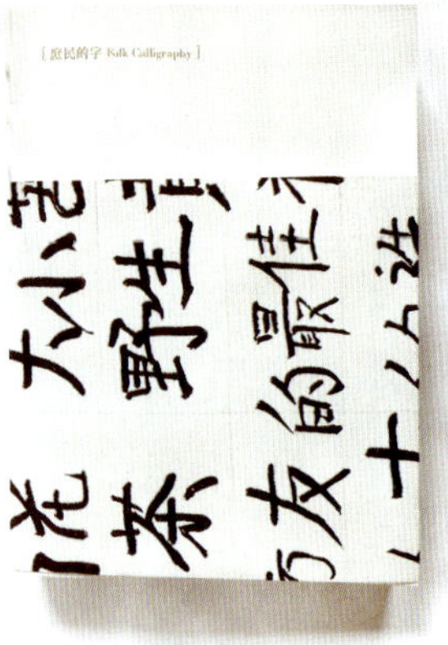
图2-3-25 《庶民的字》封面设计

（3）通过留白让读者参与完成版式的设计

我们有时在设计版面时要留一些空白，老版书里时常会留一页空白页，这是为了让读者在空白处写下读书时的感想。在书中适当地留有一些空白，不仅提高了文章的档次、格调，还可以通过这种形式让读者记下当时的所感、所想。同样，对于设计师来讲，设计作品的好坏要看读者在阅读中的参与度，如果页面上布满了大量的文字、图片，没有任何留白、没有任何视觉层次，那么，读者将不会阅读这样的作品。因此，在设计作品时，应该考虑不同设计元素之间的关系，页面要留有一定的空白，形成一定的视觉层次，同时，要注意运用留白这种方式，让读者参与到版式设计中来。

（4）通过留白提升版面的审美价值

在版式设计中，适当地留白可以减少阅读时的压抑感，还能加深读者对书籍内容的印象，但留白的多少也要根据设计的内容决定，适当地增加书籍的留白能够提升书籍的意境与格调，还能给读者一定的回味空间，帮助读者认真阅读相关信息。

（5）通过留白增加版面的动感

适当地在版面中留白，能够增强版面的视觉冲击力，如果加上一些人或动物在运动时的图片，并且在图片的前面留有空白，表现出运动的不同方向，这种形式就会带给读者一种活力四射、充满生命力的感觉。有时我们可以根据读者内心的需求，在处理版面的时候留有一些空白，使版面既有活力，又不张扬，体现动感之美。

图2-3-26 《薄薄的故乡》书籍设计（一）

图2-3-27 《薄薄的故乡》书籍设计（二）

图2-3-28 《薄薄的故乡》书籍设计（三）

图2-3-29 《薄薄的故乡》书籍设计（四）

# 2.4 书籍的函套设计

函套设计一直以来都是书籍装帧设计中不可分割的重要组成部分。然而，目前很多设计师还未对函套设计进行深入的了解，只将其定位为对书籍的表面装饰或同书籍封面设计混为一谈。因此，对函套设计形成合理的认识，准确把握函套设计的内涵显得尤为重要。

## 2.4.1 函套的含义

“函”为象形字，本义指箭囊，即装箭的袋子，俗称“箭壶”。“函”有匣子、盒子的意思，如镜函；又有封套的意思，如书函。《说文解字》云：“函，舌也，又容也。”“函”与“帙”不同，“帙”多用作包裹卷轴装书籍，而“函”则是由“帙”发展而来，其主要原因就在于书籍从卷轴装的形式演变成了册页式。到了清朝，函的形式可谓种类繁多，有包袱、夹板、书匣、书屉、书箱等形式。“套”有覆盖、套住、罩在外面的意思，也指罩在外面的东西。由此可以看出“函套”一词是当代人对于具有保护和美化书籍外观的书函的概括；是人们在书籍装帧过程中出于保护书籍的目的所进行的努力和尝试；是对当前书籍装帧设计形式的探索；更是与古籍书函一脉相承，又融入更丰富的传统文化与现代设计思维，并充分运用设计材料和方法呈现的复合体。

书籍的函套与封面、护封有着本质的区别，封面如同人的面孔，护封如同对面孔的修饰、加工，而函套则如同人的外衣，隶属于不同的概念范畴。

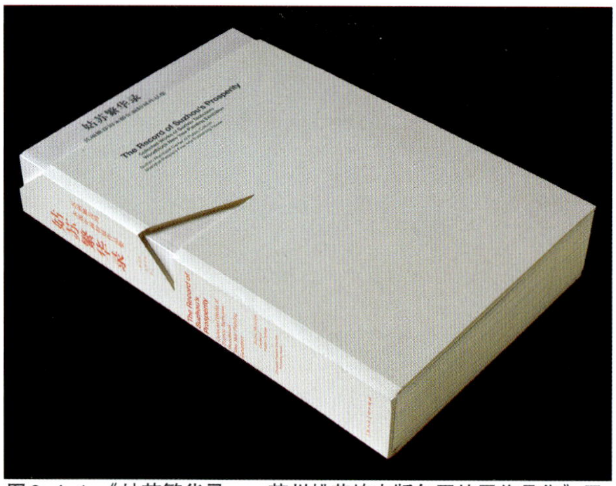

图2-4-1 《姑苏繁华录——苏州桃花坞木版年画特展作品集》函套设计

图2-4-2 《桃花坞新年画六十年》函套设计

## 2.4.2 函套设计的功能

（1）函套设计对书籍的保护功能

人们担心书籍在翻看、借阅及收藏过程中遗失或损坏，而使用函套对书籍加以保护，因而函套设计的第一功能就是保护书籍。但函套的保护功能并非单纯体现在对书籍本身的保护上，函套的保护功能还体现在对书籍内容的保护上，有时往往为了隐藏书籍的内容，故而函套上会尽可能少地出现书籍的相关信息。这样的“保护”隐藏了书籍内容，可引导读者翻看书籍正文，激发对书籍的阅读兴趣。函套对书籍的保护形式可以是六面的整体包裹、五面的抽拉式和展开式包裹、四面的推移式包裹等。

图2-4-3　函套设计（一）

图2-4-4　函套设计（二）

（2）函套设计对信息的传递功能

函套是书籍给人的第一直观印象，浓缩和提炼了书籍的相关信息，是对书籍设计风格的呈现，具有形象识别、视觉导读、功能检索方面的相关特性。

图2-4-5《共产党宣言》函套设计（一）

图2-4-6《共产党宣言》函套设计（二）

图2-4-7 《中国锣鼓》函套设计（一）

图2-4-8 《中国锣鼓》函套设计（二）

图2-4-9 《忘忧清乐集》函套设计（一）

图2-4-10 《忘忧清乐集》函套设计（二）

（3）函套设计对书籍的美的表现

函套的设计，应以满足阅读需要作为出发点，鲜明醒目，具有一定的审美艺术特征。函套设计所带来的视觉表现，更具感染力和亲和力，因其在视觉形态、构造方式、材料运用、工艺技术上呈现多角度、综合化、整体性的特征，可塑性更强，可操作层面更深。其以艺术的方式打造书籍的美，将书籍信息进行美化处理，使之可读、可看，并以最美的视觉表现形式呈现。

图2-4-11 《子夜》函套设计（一）

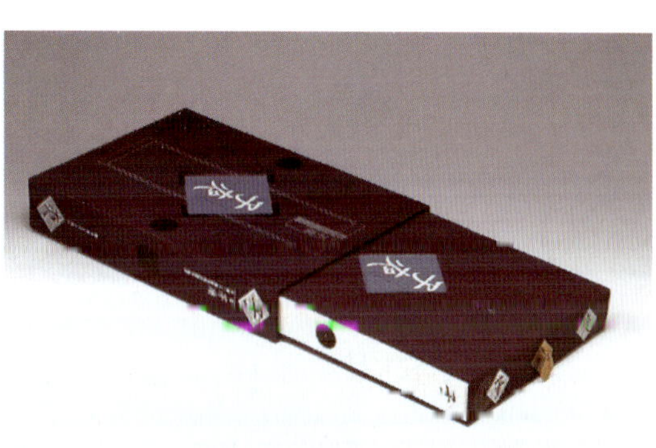

图2-4-12 《子夜》函套设计（二）

图2-4-13 《子夜》函套设计（三）

（4）函套设计对文化气息的传延

函套设计应注重体现人文精神和时代内涵，使书籍呈现鲜明的时代特征和生命力。函套设计是对书籍主题的全新诠释，需要设计师对书籍主题的来源、历史背景做具体的分析和设计来探索书籍的内在品质和文化精髓，引导读者从精神层面与设计师、作者产生交流与融合。

图2-4-14 《西域考古图记》函套设计（一）

图2-4-15 《西域考古图记》函套设计（二）

图2-4-16 《西域考古图记》函套设计（三）

## 2.4.3 函套设计在技术层面的丰富特性

（1）工艺手法运用的独特性

现代书籍函套制作工艺常见的表现手法有：凸印、凹印、贴塑、覆膜、烫电化铝、激光雕刻等。这些手法同书籍函套设计相结合，可使函套设计变得更加丰富生动，具有个性。镂雕、刻漏、材质转换、镶嵌等现代产品设计和包装设计的先进工艺手段也运用到函套设计中。我国传统书籍中函套设计工艺的运用也可谓技艺高超，应加强对传统工艺的认知，尽可能地探索传统工艺和现代工艺在表现手法上的结合与应用。

图2-4-17 烫电化铝应用于《电影史》书籍设计

（2）材料质感表现的丰富性

材料和工艺是函套设计的基础，是函套设计得以物质化呈现的必要手段，材料的不同质感和不同的工艺手法，都为函套设计的丰富性提供了基本的物质保证。材料和工艺在设计过程中，呈现出各自独有的面貌与性格特征，能引起人们视觉、触觉等的生理效应，深入影响读者和设计师的心理感受。书籍设计师应重视对材料和工艺的选择，积极探索函套在材料和工艺制作方式上的可能性。较之函套在过去使用的漆艺表现形式，大漆更为沉着，能够体现出中华民族含蓄内敛的特性。在设计材料日渐增多的今天，更应结合制作工艺表现材质之美。工艺与材料是书籍函套设计得以呈现的重要基础，如果运用得当，能增强函套设计的表现力，拓展函套设计的内涵和外延。

图2-4-18　新加坡Cheryl Chong健康饮食的食谱设计（一）

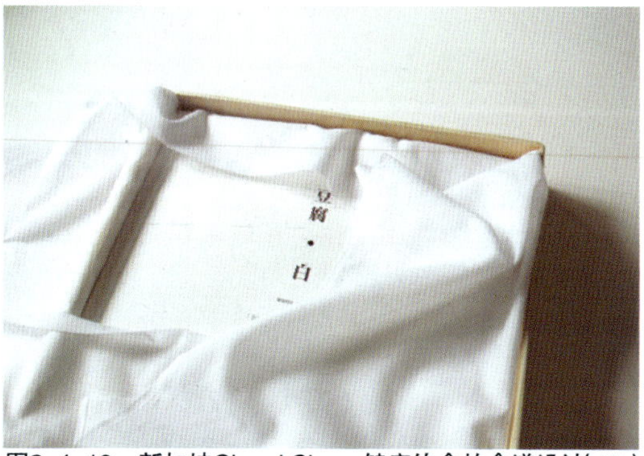


图2-4-19　新加坡Cheryl Chong健康饮食的食谱设计（二）

图2-4-20　新加坡Cheryl Chong健康饮食的食谱设计（三）

（3）视触感知的趣味性

在人与书的互动中，视触感知最直接、最重要，也最可靠。读者在心理上所体现出的刺激、舒缓、紧张、激动、压抑等变化都是对书籍装帧设计中视觉判断的直接反应。函套设计运用对视觉元素进行再加工的手法，引导读者对书籍进行视觉判断，进而产生对书籍内涵的认知。与此同时，读者在阅读时触摸函套的材质，观赏函套的形态，这样就产生最亲切、最直观的触觉感知，产生对书籍特性和品质的体会。如材质的软硬、厚薄、粗细、光泽度、纹理、纤维结构等都会使读者产生最直接的触感。所以视触感知传递的强弱程度就直接影响着读者对函套设计质量的判断，由视触感知所引起的心理感受伴随着阅读的深入而具有无限的可能性和不可知性，这种无限因素激发了读者对书籍本源探寻的渴望。

图2-4-21　书籍函套设计

（4）空间形态的可塑性

书籍装帧设计是以一种多维度立体化的思维方式，运用设计相关理论将设计的相关要素综合呈现，是视觉形式的空间构造体。函套设计侧重对书籍形态语言的表达。函套能呈现书籍的动态与静态双重美。随着读者对函套的开启，人的视觉和触觉同时发生作用，而函套在被缓慢开启的过程中，体现出时间和空间上的多维审美特征。

## 2.5 书籍的零页设计

书芯是书籍的主体，是承载正文及部分辅文的部分。零页是指在书芯前后，连接书封和书芯的部分。

### 2.5.1 环衬页

环衬页是连接书芯和封皮的衬纸。无论打开正反面封面，总有一张连接封面和内页的版面，叫作环衬页，目的在于让封面和内心粘牢不脱离。精装书的环衬设计也很讲究，环衬页的设计安排：采用带有抽象的肌理效果的插图和图案，有的也采用照片，其设计风格与书装整体风格保持一致。环衬页的色彩相对于封面要有所变化，一般需要淡雅些，图形的对比相对弱一些，有些可以运用四方连续纹样装饰，在视觉上产生由封面到书芯的过渡。

环衬页是封面后、封底前的空白页，也有选用特种纸作为环衬的。连接封面和扉页间的称“前环衬”，连接正文和封底间的称“后环衬”，它们起着由封面到扉页、由正文到封底的过渡作用，是书籍的序幕与尾声。环衬是精装本和串线订中不可缺少的部分；有一定厚度的平装本书籍有时也采用。在文艺书籍中的环衬页上使用装饰纹样、织物图案、窗花剪纸等是常用的方法。在青少年读物和惊险小说的环衬页上印上书中人物的插图，会激发年青读者的阅读兴趣。除了以上几种形式以外，还有把与书籍内容有关的地图、绘画、摄影作品或作者的手稿印在环衬页上的，如在旅游书籍的环衬页上印上漂亮的游览图等。环衬页的构图一般都采用左右两页对称的形式，以增强它的安定感。环衬页的设计要根据书籍整体的设计风格来考虑，色彩的明暗和强弱，构图的繁复和简单，应与护封、封面、扉页、插图和正文等的设计风格保持一致。

图2-5-1　*Illusions* 书籍封面设计

图2-5-2　*Illusions* 书籍环衬页设计

图2-5-3　巴西 Estudio 书籍封面设计

图2-5-4　Direction 书籍封面设计

图2-5-5　Direction 书籍环衬页设计

图2-5-6　Tom Cooper 书籍封面设计（一）

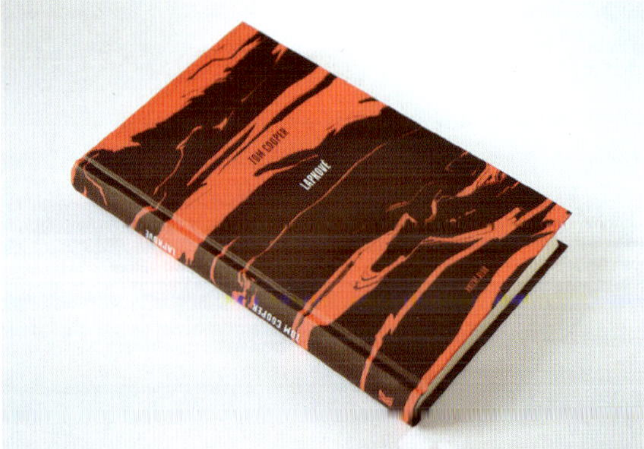

图2-5-7　Tom Cooper 书籍封面设计（二）

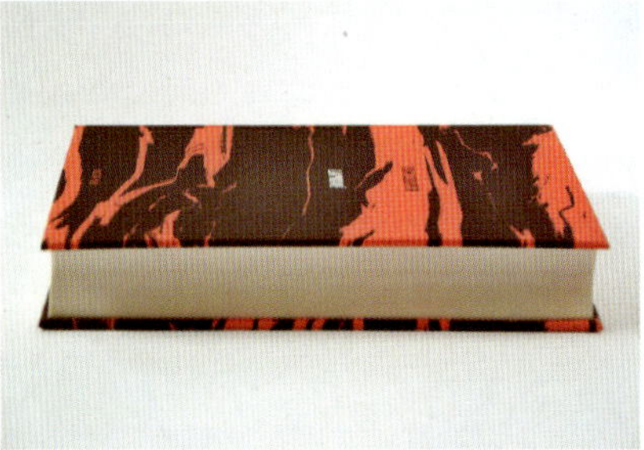

图2-5-8　Tom Cooper书籍封面设计（三）

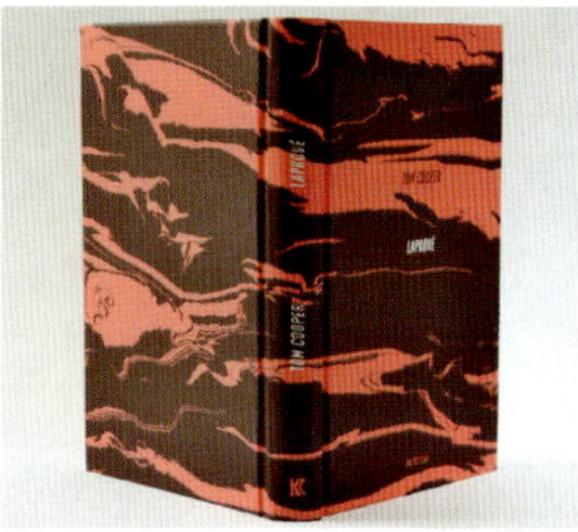

图2-5-9　Tom Cooper书籍封面设计（四）

图2-5-10　Tom Cooper书籍环衬页设计

## 2.5.2　扉页

扉页也称内封、副封面，即封面或环衬页后面的一页，被称为书的入口和序曲，也是书籍内部设计的重点，它的设计能表现出书籍的内容、时代精神和作者风格。扉页上印的文字一般与封面相同，但刊印的书名、著（译）者名、出版单位的名称更为详尽，有的印成彩色或加装饰性图形。扉页的背面多用来刊印内容提要、版权记录、图书CIP数据等。扉页有保护书籍的作用，即使封面损坏了，正文也不易受损。

扉页文字的排列必须与封面的文字排列相协调，重点突出书名。扉页的材料一般是纸材，有时也会选用皮革和布料。

扉页的设计讲究简洁大方、灵活生动。扉页的设计元素可以利用封面主题图形或其某一部分进行抽象处理；可以安排一些与主题相关的小的图形符号，与文字编排组合；可以利用绘画、书法、篆刻等设计形式。无论使用哪种与其适应的艺术手法，都应注意审美价值。

图2-5-11　韩国xo team封面设计

图2-5-12　韩国xo team书籍扉页设计

## 2.5.3 版权页

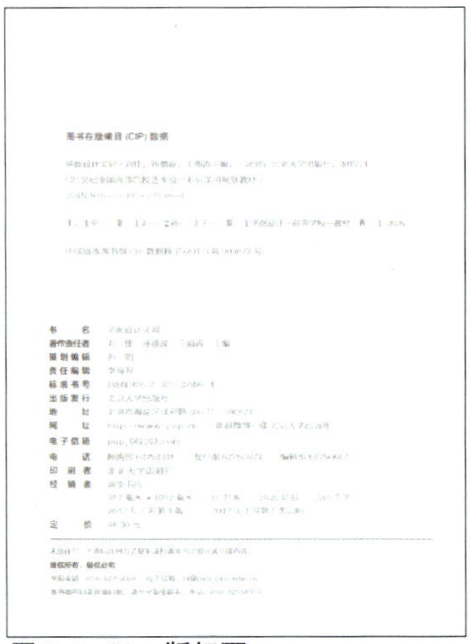

图2-5-13　版权页

版权页是每本书诞生的历史性记录，记载着书名、著（译）者、出版、制版、印刷、发行单位、开本、印张、版次、出版日期、插图幅数、字数、累计印数、书号、定价等内容（如图2-5-13）。版权说明应对图书著作权的归属作出明示。一般以版权符号©（copyright—“版权”的略号）开头，后列著作权人名称和首次出版年份，也可再标注本版的出版年份，还可加注诸如“版权所有，未经许可不得以任何方式使用”的字样。版权说明排印在版权记录页的上部位置。

## 2.5.4 目录页

目录是全书内容的纲领，它显示出书籍结构层次的先后。目录页的设计要求条理清晰，有助于读者迅速了解全书的层次内容。目录的字体大小一般与正文相同，大的章节标题字体可适当大一些。

图2-5-14 《中国漆器艺术》目录设计

# 2.6 书籍的书脊、封底、勒口、切口的整体设计

书籍就是一个六面体，除了封面，书脊、封底、勒口、切口也是至关重要的组成部分。

## 2.6.1 书脊

书脊，又称封脊，是连接书的封面和封底使之成为立体形态的关键部位。书脊是封面的一部分，它处于前后封面之间，遮护着订口，正当书籍的背侧。通常有三个印张以上的书，书脊宽度在5 mm以上的，要印上书名、册次（卷、集）、作者名和出版社名，如果是丛书，还要印上丛书名，多卷成套的要印上卷次，以便于读者在书架上查找。厚本精装书的书脊也可加上装饰图案。精装本的书脊还可采用烫金、压痕、丝网印刷等诸多工艺来处理。

图2-6-1 《睡箱子的PoPo》书脊设计

图2-6-2 《穿越火焰》书脊设计

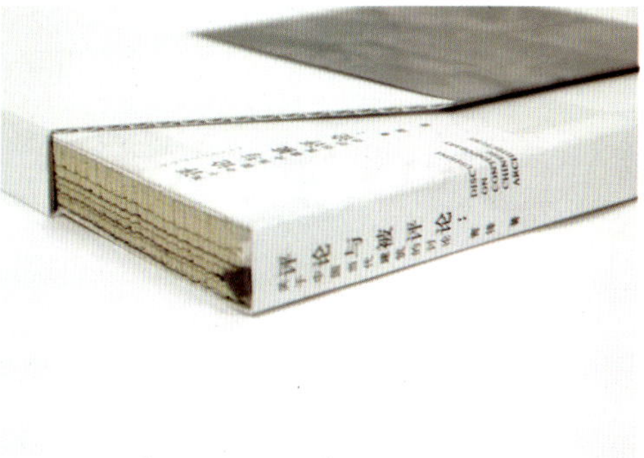

图2-6-3 《评论与被评论》书脊设计

### 2.6.1.1 书脊的醒目性与功能性

书脊是整本书的眼睛，是连接封面和封底的组成部分，起着协调呼应的作用。书店、书柜中，往往是将书籍插在架上，给人的只是书脊的展示。书脊占有狭小的空间，但有着极其重要的位置。书名、出版社名等是书脊的必备要素，但是在书脊上我们讲究的是新颖的视觉小符号的添加，讲究的是空间性、节奏性、色彩性等（如图2-6-4至图2-6-7）。

图2-6-4 《百物语》书籍封面设计

图2-6-5 《百物语》书籍书脊设计

图2-6-6 《百物语》书籍书脊设计（一）

图2-6-7 《百物语》书籍书脊设计（二）

图2-6-8 《味感恋人》书籍封面设计（一）

图2-6-9 《味感恋人》书籍书脊设计（二）

醒目的、精巧的书脊是设计师增强书籍设计的很好亮点。例如，有的书籍设计突出书脊部分，根据书的寓意或内涵，将封面、封底部分进行弱化。这样一来，虚实对比明显，给人留下的并不是空泛的感觉而是探知的欲望（如图2–6–10至图2–6–13）。如图2–6–13，设计师周晨将《泰州城脉》制成一方宋代老城砖，讲述历史，没有什么比城砖更有说服力的了。

图2-6-10 *Cocinando un tributo* 书籍设计（一）

图2-6-11 *Cocinando un tributo* 书籍设计（二）

图2-6-12 *Cocinando un tributo* 书籍设计（三）

图2-6-13 《泰州城脉》书籍设计

### 2.6.1.2 书脊设计的技法

因为书脊是一个转折点，为了增强前后的呼应性，可以将封面和封底的视觉元素根据需要进行重复引用，使两者相互呼应；可以将一幅完整的图形安放在封面、封底和书脊之上，随着封面到封底的展开，在书脊处自然会形成相应的图形，然后再安放书名或出版社名等要素；丛书的书脊设计要注意每本书的构图形式，各要素的形式风格相近。另外，全套书的书脊设计可以变换某一元素的图形，变换每一本书的名字，设计成一幅连续的画面，增强其气势性。

图2-6-14 *El Bulli* 书籍设计（一）

图2-6-15 *El Bulli* 书籍设计（二）

图2-6-16 *Hang Konsten Lagt* 书籍设计（一）

图2-6-17 *Hang Konsten Lagt* 书籍设计（二）

书脊的设计要采用恰当的色彩。书籍色彩的设计思想就是运用统一与变化相结合的原则，求得美的色彩构成。有时为了增强其醒目性，可以适当地采用一些简洁亮丽的颜色。适当地添加色块做书名或解说词，可以将封面和封底的颜色形成一定的方块，直接延伸到书脊之上，这样可以增强书籍的形状感。

图2-6-18　Rata系列书籍设计（一）

图2-6-19　Rata系列书籍设计（二）

图2-6-20　Mirim Seo大鱼吃小鱼故事书设计

图2-6-21　西班牙Lumens书籍设计（一）

## 2.6.2　封底

封底设计是书籍装帧设计中的一个重要组成部分，封底是封面设计的延续和补充。封底的设计应该围绕封面和书脊的设计而进行，必须注重整体，区分主次，把握对比，形成相互呼应、相互补充、相互连贯的画面。

### 2.6.2.1　关联、呼应性

图2-6-22　西班牙Lumens书籍设计(二)

关联和呼应是书籍整体性的两种特征。图书设计中的关联性，就是力求封底的内容或者设计元素与封面的设计手法在一种统一的风格之下，色彩不宜反差过大，构思不宜跳跃性太强，所设置的元素与封面的风格、内容必须有关联，且对图书的主题也能有适当的阐释和补充；图书设计中的呼应，就是在设计中，封底与封面之间元素的选择，图案的运用等方面具有一定的延续性，包括颜色的选择，如针对“活书脊”，就可使满版的颜色一致，或在同一色相中选择变化，以及采取跨栏式图形贯穿封面、书脊、封底；对于图案的设置，既可以以系列图案出现，又可同一种图案重复出现等，以达到前后呼应的目的。

图2-6-23 《非常图形·第二十世纪的波兰设计师》书籍设计

### 2.6.2.2 补充性

由于一本图书所蕴含的信息量非常大，要想准确地体现图书思想，在封面设计中，必须抽取、筛选，选择其中最具有代表性的元素呈现给读者；书脊由于自身的限制，很难为封面提供足够的空间，而封底则是表现封面无法承载的信息量的最佳区域，使封底的空间成为设计者另一处创造表现的舞台，是封底设计补充功能的体现。

封底设计中，要巧妙地运用条形码、定价、书号等这些必要元素来进行补空设计，可以重复画面的图形和符号内容来进行适当的装饰，也可以针对内容来进行单独的设计，从属于主封面，与主封面达成统一性。

图2-6-24 《临别清单》书籍封面设计（一）

图2-6-25 《临别清单》书籍封面设计（二）

图2-6-26 《味感恋人》书籍封面设计（一）

图2-6-27 《味感恋人》书籍封面设计（二）

图2-6-28 《味感恋人》书籍设计（三）

## 2.6.3 勒口

勒口设计又称折口，是指平装书的封面和封底或精装书护封的切口处多留5~10 mm空白处并沿书口向里折叠的部分。勒口上有时印有内容提要或书籍介绍、作者简介等。精装书或软精装书的外壳要比书芯的三面切口各长出3 mm，用来保护书芯。

勒口的设计并不仅仅局限于向后折起，简装书籍的勒口向前翻转也是一种较有装饰性的手法。向前对折的勒口可以单独形成一种造型，封面设计元素可以根据其造型进行构造，这样显得生动有趣。前翻勒口可以填补封面的空间，使封面形成一种装饰感和层次感。

勒口是封面主题内容的延续，可以将一幅完整的图形从封面延伸到勒口处。勒口上的设计要素要跟封面的图形相协调，如一根线、一个色块、一个简单的小插图或小花饰，都能对勒口起到分割面积和装饰的作用。如果护封的广告效果已经很强烈，它旁边的勒口应该有意识地设计得简洁朴素，使它统一在书籍内部的气氛中。在勒口折叠过程中，形成一种节奏，一种呼应；在勒口上印上作者的肖像和简介，印上一首小诗或几句对书籍的概括的语言，这些都是较为常见的手法。但是我们需要注意的是，这些东西需要我们对其进行设计，需要灵巧、精彩的构成。一方面与封面主题相呼应，同时给读者提供精巧别致的艺术氛围。

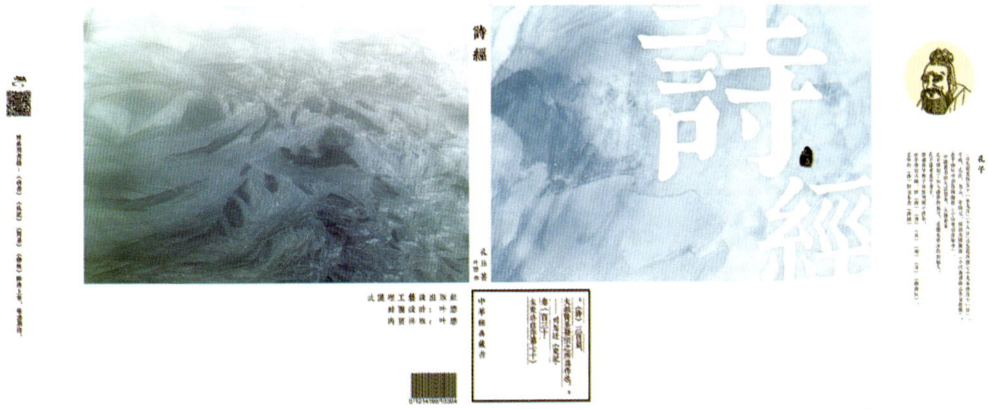

图2-6-29 《诗经》书籍设计

图2–6–30 《甲春秋》书籍设计

## 2.6.3 切口

切口指书页裁切的边。切口是书籍整体中必不可少的一部分，中国古籍中称与书脊相对的部分为“翻口”或“书口”，也叫“外切口”，上方切口叫“书顶”或“书首”，下方切口叫“书根”，它们对于书籍整体性起到至关重要的作用。读者每一次翻阅图书的过程都是和切口的一次亲密接触，切口是设计师与读者进行动态交流的场所。对当下的设计方式进行理性的分类归纳，将切口设计的方法总结为如下几个方面。

### 2.6.3.1 留白

这种方法是我们最常见的一种手法，在现代书籍设计当中，由于受机械设备和经济成本的限制，大部分的书籍切口设计采用这种方法。

### 2.6.3.2 渗入

渗入是指从切口向书籍内部的延伸。以切口为原点，向内文版面渗透颜色、文字、图形。这些颜色、文字、图形在切口处形成了丰富的表情。

①单一颜色的渗入，可以增加书籍的整体效果（如图2–6–35），多种颜色的渗入可以区别不同的章节，这种手法既有形式上的变化又有功能上的便利（如图2–6–36至图2–6–38）。

图2-6-31 《GDC15》切口设计：潘焰荣

图2-6-32 第200期《开卷》切口设计

②切口的形式由切口渗入版面汇集而成，狭长空间透露着变化和节奏，凝聚着书籍的厚重感。在进行版式设计时，把图形、色彩、文字等元素符号从版面引向切口，物尽其用，考虑到裁切后的切口的形状，能体现信息符号在传递信息过程中的流动性，无形之中增加了书籍的趣味性，得到意外的收效。

这种手法在吕敬人设计的《黑与白》（如图2–6–33至图2–6–35）一书中也得到充分体现。此书把黑白对比的方式渗透于全书，在切口处也呈现着黑色与白色的冲撞与和谐，在书首、书根和外切口处黑白变化各有不同，特别是外切口的变化，通过内文版面中抽象图形符号的精密计算才得以呈现此形，可见设计师为此花费了大量的心思，将内文的版面与切口联系起来，在快速翻阅书页时，切口还可呈现动态的视觉变化，使得书的每一个细节都在诉说着书的内容。

图2–6–33 《黑与白》书籍设计（一）

图2–6–34 《黑与白》书籍设计（二）

图2–6–35 《黑与白》书籍设计（三）

③在这种手法当中，还可以借鉴中国古代的包背装和线装书的切口形式，在切口的位置加上文字和鱼尾纹，更能体现书籍的“书卷气”与高雅的文化品位（如图2–6–35）。

《周作人俞平伯往来通信集》的内文版式设计（如图2–6–36），仿效古典线装中的切口形式，运用文字与鱼尾纹来表现书籍的“书卷气”与韵味。

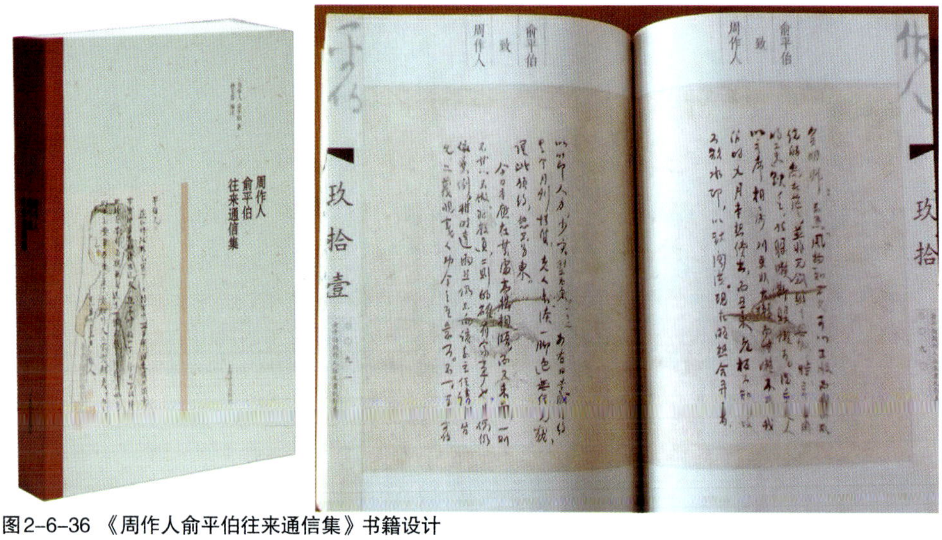

图2–6–36 《周作人俞平伯往来通信集》书籍设计

图2-6-37　Melvin Tan：Z-Bine书籍设计

④图像的渗入。切口处经过严密的计算，书籍在正翻和反翻时呈现不同的图像（如图2-6-38、图2-6-39）。

《梅兰芳全传》将梅兰芳的京剧人生巧妙地表达在书的切口部分，使读者在翻阅书的过程中体会梅兰芳丰满独特的人物造型。在空间与时间的流动中，叙述着梅兰芳一生丰富的经历，拉近了读者与梅兰芳的距离，形成超越时空的对话。

图2-6-38 《梅兰芳全传》书籍设计（一）

图2-6-39 《梅兰芳全传》书籍设计（二）

### 2.6.3.3　裁切

在中国历史上，任何一次书籍裁切、装订、折叠形态的改变，都伴随着书籍整体形态的变化。切口的形态依附于书籍的整体形态，书籍的裁切、装订、折叠形式的变化也导致了切口形态的变化。中国的卷轴装的书的切口是圆形的，线装书的切口是方形的，甚至现代概念书的切口不拘于一种特定的形态，有可能规则，也有可能不规则；可能在一个平面上，也可能不在一个平面上（如图2-6-40、图2-6-41）。

图2-6-40 《金陵小巷人物志》书籍设计（一）

图2-6-41 《金陵小巷人物志》书籍设计（二）

### 2.6.3.4 毛边

书籍设计中一个重要的元素就是纸张材料的应用。《书艺问道》上说：“纸之美，贵在体现自然的痕迹——它的纤维的经纬，它的触感气味，它的自然色泽，它由印刷、书画透于纸背的表现力(触感性、挂墨性、耐磨性、平整性)。”纸张来自自然的形态，带给读者亲近的自然之美。书页在翻动时会给人们以触觉的感受，使切口产生非同寻常的表现力，如光滑与毛涩、松软与坚挺，不同的纸质体现不同的韵味，所以现在出现一种不切纸边、保留纸张，特别是手工纸的原汁原味的毛边书，或者效仿古代线装书的切口的形式(文字页是单面印刷，且每两页书口处相连的形式)让读者亲自撕开切口处，这种方式不仅可以体现纸味，还可以增加书籍的参与性，使书籍设计变得更加有趣。

图2-6-42 《户牖之美》书籍设计（一）

《户牖之美》体现的是纸张原始美的另一种状态，清华大学美术学院书籍装帧专业的学生作品，在纸张的表现上选取了表面轻微粗糙、米黄色的毛边纸（如图2-6-42至图2-6-45）。

图2-6-43 《户牖之美》书籍设计（二）

图2-6-44 《户牖之美》书籍设计（三）

图2-6-45 《户牖之美》书籍设计（四）

如图2-6-46，《不裁》选择减法，用材质朴，选择简洁的版式，并以改进后的毛边本形态装订。书名定为“不裁”，取“不才”之谐音，也有不加修饰之意，贴合了毛边本的装帧风格。因为毛边本的成品尺寸稍大，裁开毛边本，会发现版面外的留白多，看起来宽松，有阅读呼吸的空间，还可在边上空白处写读书笔记。而且让读者边看边裁，有一种短暂的等待和喜悦，比那种随手可翻随处可读的文字多了一份阅读审美的过程和趣味。当读者读完全书后，会

图2-6-46 《不裁》书籍设计

发现书的质感发生了变化，因为书由手工裁开，翻口由原来的光边变成毛边，那种参差不齐的瑕疵给人一种残缺美的视觉享受。

### 2.6.3.5 象形

将切口依据书的内容变成一个具体的形，在设计一些儿童书时，通常可以采用象形的手法，可爱的外形容易获得儿童的青睐。

如图2–6–47、图2–6–48，全书内外的形态贯穿主题《流水》的设计想法，从封面函盒到书体的流水造型，以及每一页版面中流淌着水波纹图形，切口处也是流水的波浪形。为一位女性作者的随笔采用了随意流淌的柔性设计，不失为对“流水”的主题表达。

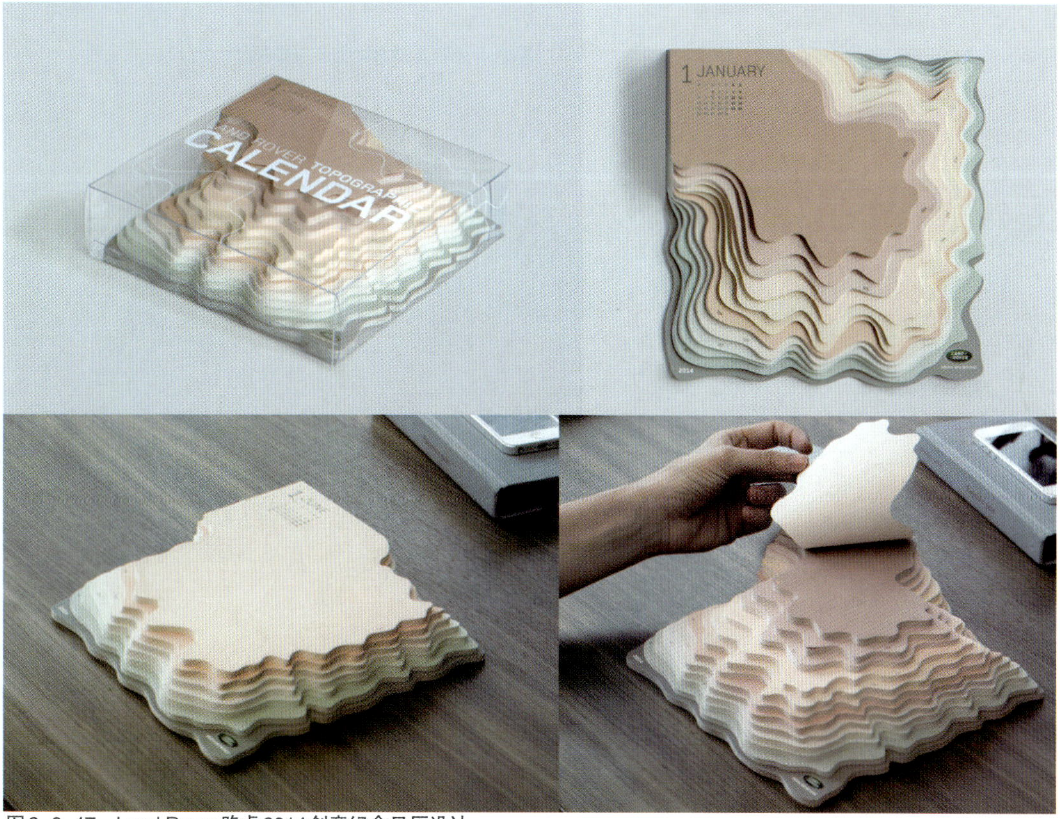


图2–6–47　Land Rover路虎2014创意纪念日历设计

图2–6–48 《流水》书籍装帧设计

PART 3

# 第3章

## 不可替代的书籍插画

# 3.1 插画与书籍的关系

书籍中的插画是图形与文字紧密结合的一种艺术形式，插画在现代书籍中的运用非常广泛，具有补充文字内容及装饰美化的作用。插画的运用，就需要在设计中考虑文字内容与插画的紧密协调，让插画能够与文字内容相符一致，表现手法必须符合书籍的体裁、风格，这样插画更有利于读者的阅读，从而帮助读者更好地理解书籍内容。插画在书籍中具有形象性与直观性，完美体现了书籍内容的自身艺术价值。

插画是书籍装帧的一部分，在书籍中起延伸、补充文字内容及装饰、美化的作用。优秀的插图不仅能够帮助作者传达文章主旨，还能提高读者的阅读兴趣，增强读者对书籍内容的理解和记忆。书籍插图创作不同于绘画创作，它是为书籍而作。既要符合书籍出版要求，又要承载书籍内容，还要保持插图画面的完整性、故事性、装饰性等，优秀的书籍插图不仅是书籍的承载方式，更具有艺术性，是艺术品的完美展现，所以插画既属于书籍装帧的一部分，又可以脱离书籍作为艺术品形式独立存在，这就决定了插画在书籍装帧中的从属性与独立性。

## 3.1.1 插画在书籍装帧中的从属性

首先，插图的创作来源于书籍文字内容，是对书籍内容的诠释，是艺术家根据书籍主旨发挥想象创作而生的，并且插图创作的表现手法必须符合书籍的体裁、风格，从而创作出贴切的、合理的书籍艺术形象，从属于书籍。其次，插图的创作还需要考虑印刷工序，也就是必须符合印刷要求，因为，书籍设计最终是通过印刷形式表现出来的，只有这样才能够制作出理想的书籍，这就要求设计者在书籍插画的创作中必须考虑印刷的合理性、印刷方式，采用的纸张、油墨等，只有将这些结合起来才能创作出理想的插画。

图3-1-1 《小王子》插图设计（一）

图3-1-2 《小王子》插图设计（二）

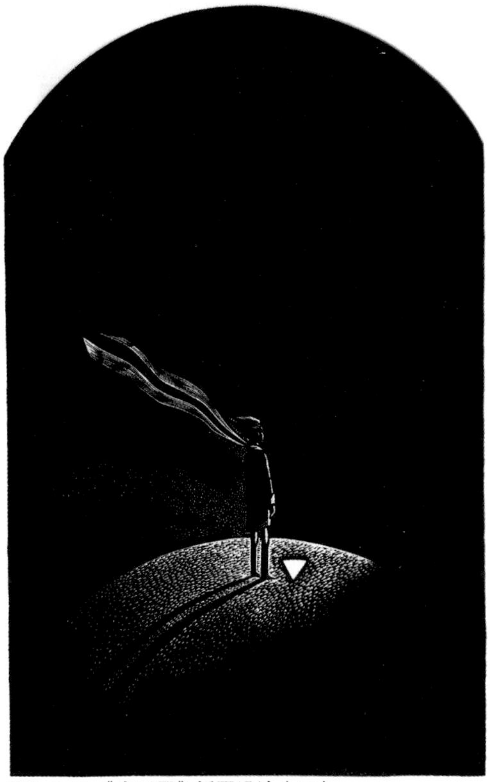
图3-1-3 《小王子》插图设计（三）

图3-1-4 《小王子》插图设计（四）

图3-1-5 《小王子》插图设计（五）

图3-1-6 《精神思维》插图设计（一）

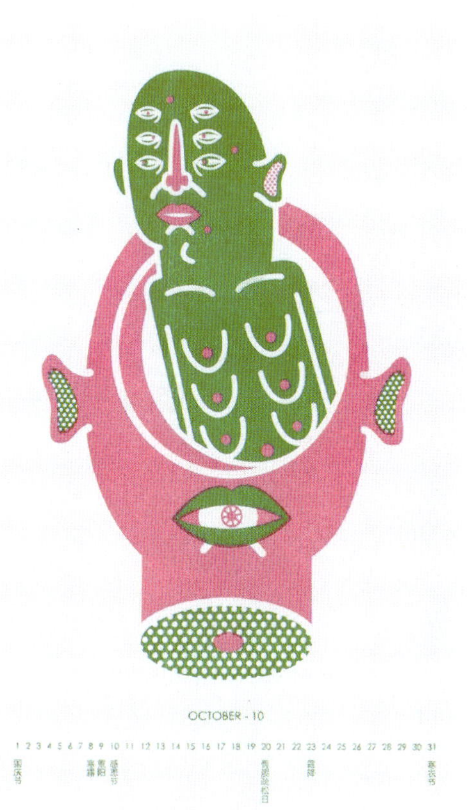


图3-1-7 《精神思维》插图设计（二）

## 3.1.2 插画在书籍装帧中的独立性

插画是倾注了艺术家对文学作品的理解，运用不同的表现手法，融入了自身情感进行想象、创作的图画，它充分体现了书籍内容的主旨，具有自身的艺术价值、极强的表现力和艺术魅力。插画在书籍中也起到装饰性作用，拥有完整的画面故事性，所以插画在书籍装帧中是独立存在的。它具有独立的视觉语言，是艺术家通过想象来传达思想的独特艺术类型。可以独立于文字之外，有着较高的自我表达功能，是具有独立欣赏价值的艺术作品。

图3-1-8 New Work ‘Beat IV’ 书籍插画设计（一）

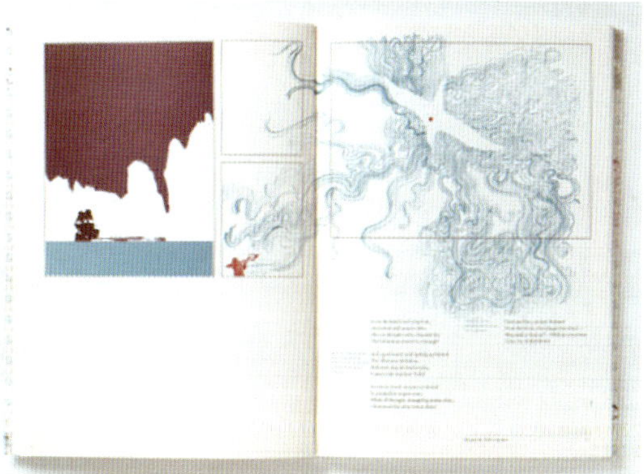

图3-1-9 New Work ‘Beat IV’ 书籍插画设计（二）

图3-1-10　New Work “Beat IV” 书籍插画设计（三）

图3-1-11　New Work “Beat IV” 书籍插画设计（四）

图3-1-12　波兰Dawid Ryski书籍插画设计（一）

图3-1-13　波兰Dawid Ryski书籍插画设计（二）

图3-1-14　波兰Dawid Ryski书籍插画设计（三）

图3-1-15　波兰Dawid Ryski书籍插画设计（四）

图3-1-16　波兰Dawid Ryski书籍插画设计（五）

图3-1-17　波兰Dawid Ryski书籍插画设计（六）

图3-1-18　波兰Dawid Ryski书籍插画设计（七）

图3-1-19　波兰Dawid Ryski书籍插画设计（八）

图3-1-20　波兰Dawid Ryski书籍插画设计（九）

图3-1-21　波兰Dawid Ryski书籍插画设计（十）

图3-1-22　波兰Dawid Ryski书籍插画设计（十一）

## 3.2 书籍插画的风格特征

准确的插画语言可将书籍的内涵深刻地呈现出来。插画作为书籍信息传播的符号承载者起着与欣赏者沟通的作用，一个好的图形可胜万言。插画设计师为了让人们对书籍内容产生浓厚的兴趣，总是运用深刻的寓意和充满意境的形态，使欣赏者获得全新的视觉感受。在当代设计潮流中，个性鲜明的插画已成为书籍视觉表现的主体。一幅风格独特的插画是具有灵性的，它本身就具有传播文化的良好功能，并直接体现出创作者对欣赏者的关注和认知程度。

在当代社会，随着人们审美意识的不断提高，书籍插画的风格表现也呈现出多样性的原则，用以满足不同人们的审美需求。根据书籍插画的视觉造型特征，将其可分为以下六种风格。

### 3.2.1 具象

书籍插画的创作形象与自然对象有着相似或极为相似的特点，具有宏观性与直观性，能够客观地塑造现实中人物、景物的形象，对于艺术家本身自我意趣的感受表现得较少。西方的写实模仿和中国的应物象形表现都是具象艺术的形象描述。但是，也需要创作者精心构思和严密组织画面，突出我们需要强调的主体，使插画形象融入具有个性意念特征和丰富的情感表达之中。

图3-2-1　5 MUA ARTBOOK书籍插画设计（一）

图3-2-2　5 MUA ARTBOOK书籍插画设计（二）

图3-2-3　5 MUA ARTBOOK书籍插画设计（三）

图3-2-4　5 MUA ARTBOOK书籍插画设计（四）

图3-2-5　5 MUA ARTBOOK书籍插画设计（五）

图3-2-6　5 MUA ARTBOOK书籍插画设计（六）

图3-2-7　5 MUA ARTBOOK书籍插画设计（七）

图3-2-8　5 MUA ARTBOOK书籍插画设计（八）

图3-2-9　5 MUA ARTBOOK书籍插画设计（九）

图3-2-10　5 MUA ARTBOOK书籍插画设计（十）

图3-2-11　5 MUA ARTBOOK书籍插画设计（十一）

## 3.2.2　抽象

抽象是艺术家对某些具体的景物和情节，通过自我的感受，按照一定的形式法则和造型规律对其进行提炼，利用色彩和形式对其进行重新构思和编排，表现独特的个性特点和突出的审美意趣，反映鲜明的时代特征；是艺术家偶发性的对某些自然对象进行创造设计，突出艺术家的主观情感和意趣；是不可以实例化的表现形式，具有偶然性的特征，但是可以有属性，有方法，有风格。

图3-2-12 *Lost*书籍插画设计（一）

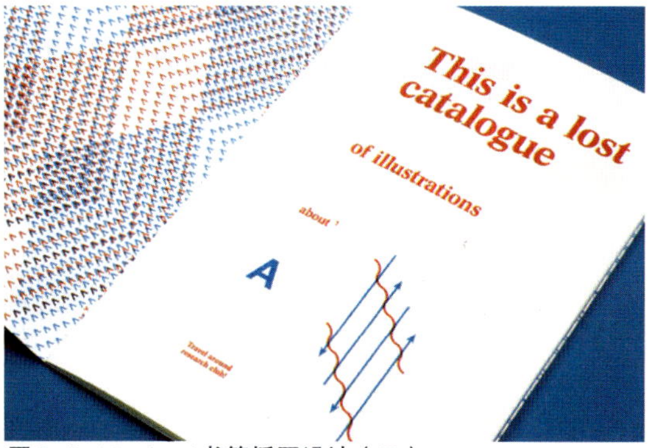

图3-2-13 *Lost*书籍插画设计（二）

图3-2-14 *Lost*书籍插画设计（三）

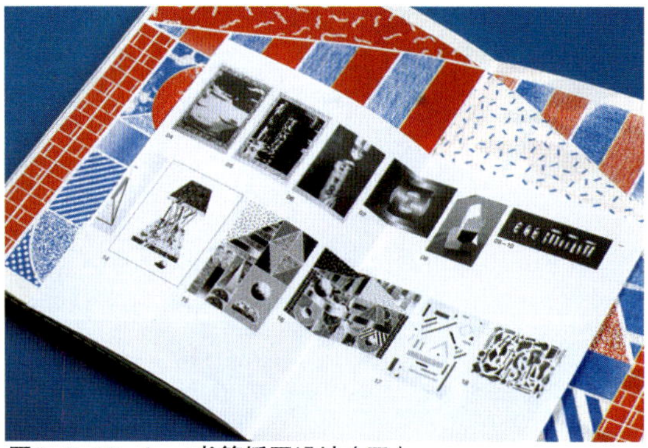
图3-2-15 *Lost*书籍插画设计（四）

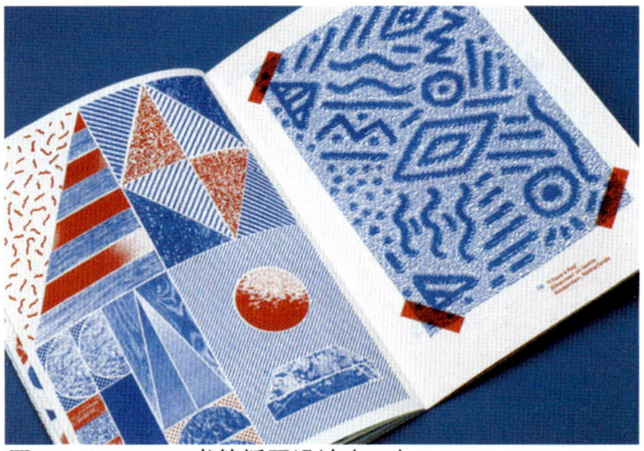
图3-2-16 *Lost*书籍插画设计（五）

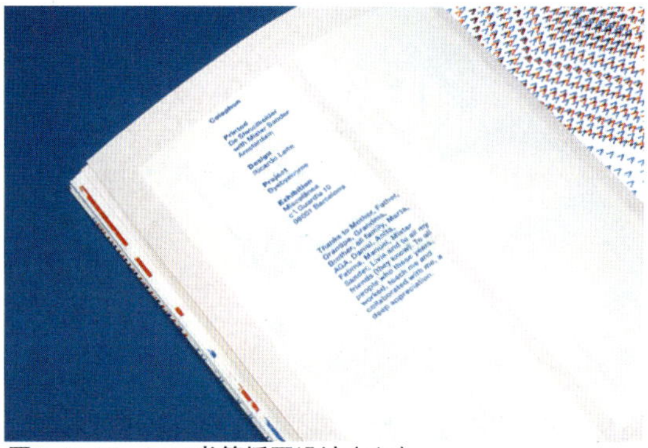
图3-2-17 *Lost*书籍插画设计（六）

图3-2-18 *Lost*书籍插画设计（七）

图3-2-19 *Lost*书籍插画设计（八）

图3-2-20　*Lost* 书籍插画设计（九）

图3-2-21　*Lost* 书籍插画设计（十）

## 3.2.3　创意联想

创意本身没有形状，没有固定的格式，但其表现却能彰显不同的个性特征。插画艺术家要表现出无限创意，就需要摒弃表象思维模式所设置的藩篱，用艺术家所独有的联想创建一个虚幻的视觉现象，把表面上毫无关系，甚至相隔甚远的事物，通过它们之间某种本质上的共性而引发联想，构建创意思维的桥梁，通过这座桥梁，找出所表达事物之间的内在联系。

图3-2-22《乞丐的罢工》书籍插画设计

图3-2-23《小说》书籍插画设计

## 3.2.4　比拟

比拟就是把一个事物当作另外一个事物来描述、说明。比拟的辞格是将人比作物、将物比做人，或将甲物化为乙物。运用这种辞格能收到特有的修辞效果，或把事物表现得神形毕现，栩栩如生，抒发爱憎分明的感情（如图3-2-24）。

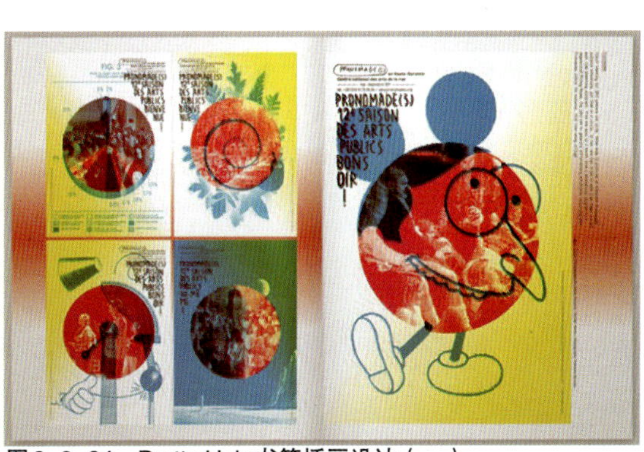

图3-2-24　Pretty Ugly 书籍插画设计（一）

图3-2-25　Pretty Ugly书籍插画设计（二）

图3-2-26　Pretty Ugly书籍插画设计（三）

图3-2-27　Pretty Ugly书籍插画设计（四）

图3-2-28　Pretty Ugly书籍插画设计（五）

## 3.2.5　夸张变形

插画的夸张风格带有强烈的主观思维意识，具有强烈的概括性。更重要的是创作者通过对客观原形进行深入的分析，经过提炼所创造的形象，在画面上增强了幽默感和趣味性，更深刻、生动地揭示了事物的本质。如在符合面部结构生理的情况下，把形象的眼、眉、鼻、口、耳等部位做夸大化处理，使用不协调的夸张表现方法，制造诙谐有趣的艺术效果。

图3-2-29 《毕加索之小提琴与信》插画设计（一）

图3-2-30 《毕加索之小提琴与信》插画设计（二）

图3-2-31 《毕加索之小提琴与信》插画设计（三）

图3-2-32 《毕加索之小提琴与信》插画设计（四）

图3-2-33 《毕加索之小提琴与信》插画设计（五）

## 3.2.6 装饰

插画的装饰性表现在审美意识上，侧重于创作者的主观性遐想，造型上注重形式的夸张，色彩表现上强调平面空间的对比关系。在不同的时代，由于艺术思潮的更迭，所呈现出的插画在其艺术特征和表现形式上也是风格迥异的。现代装饰插画在其造型形式上更加注重点、线、面的合理搭配运用，打破了传统的对称法则，而采用透叠、变形、分割、疏密等形式，使装饰插画产生不一样的视觉节奏，达到引人入胜的艺术效果。

图3-2-34 德国LUKS书籍插画设计（一）

图3-2-35 德国LUKS书籍插画设计（二）

图3-2-36　德国LUKS书籍插画设计（三）

图3-2-37　德国LUKS书籍插画设计（四）

图3-2-38　德国LUKS书籍插画设计（五）

图3-2-39　德国LUKS书籍插画设计（六）

## 3.3　书籍插画的基本原则

当代美学家王朝闻在《谈文学书籍的插图》一书中说："插图必须具备一般绘画艺术的条件，不依靠文字也能从它的形象本身，表现一定的主题，同时必须服从文学原作，成为文学作品的辅助者。既要获得文学原作的具体描写所不能代替的造型的鲜明性，又必须使它和原作的内容紧密结合。前者就是插图的相对独立性，后者就是插图应有的从属性。"这里所说的书籍插画的从属性和相对独立性，既是插图艺术家的创作思维和原则，也是插图艺术欣赏的重要着眼点。

### 3.3.1　准确把握原著格调

书籍插画是为了帮助读者深化对文学作品的理解，加强文学形象的艺术感染力而设计的。要想画出具有强烈艺术表现力的书籍插画，就必须受到文字内容的约束，这要求画家创作插画时不能天马行空、随心所欲，而要深刻了解文学作品所要表达的思想内容，在此基础上利用绘画艺术语言进行视觉形象创作，这样，插画的艺术表现力才有意义。

书籍插画家既要对读者和出版商负责，更要对原著作者负责。插画是对书籍文字内容的视觉化诠释和翻译，插画作品有时会影响一本书的命运。书籍插画对于书籍文字内容的依存性，决定了它对书籍的从属性。书籍插画的首要目的是用绘画的图形语言来表现文字内容，书籍插画创作的基本原则就是必须忠于原著，最忌讳随意曲解或篡改原著内容。为塑造符合文学作品内容的直观的视觉形象插画作品，插图设计师常要付出很大的精力反复阅读文学原著，不仅要把握文学原著的精神主旨，还要熟悉原著中各种具体描写，如对书中的人物、情节、环境、道具、时代背景及必要的细节进行深入考究，力求对原著主题有较准确的理解和感受，准确把握原著的艺术风格基调，无论是原著人物形象的塑造还是艺术风格的表现都应依据原著的描述。

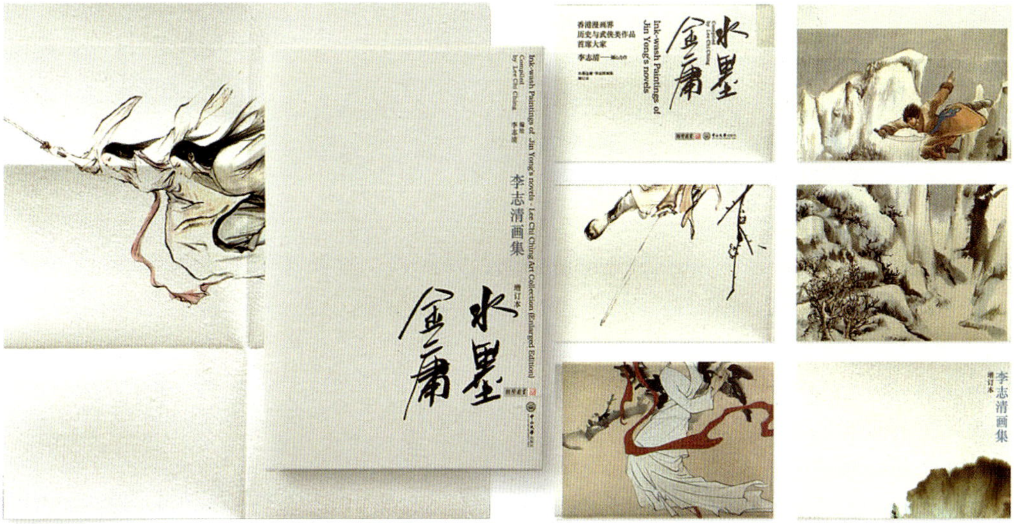


图3-3-1 《金庸水墨》插画设计（一）

图3-3-2 《金庸水墨》插画设计（二）

## 3.3.2 能动选择适宜表现的题材、情节和风格

书籍插画创作是画家的社会阅历、文化素养、禀赋气质及绘画功底的综合体现。凡是成功的插画艺术作品，在形象、构图、色彩、线条等直到思想内涵方面都会具有一定的欣赏价值。然而，任何人的知识面都有限，一个插画家并不是所有题材的作品都能表现，也不是任何风格的作品都顺手。有些题材或某些情节，有些画家擅长，有些画家则不擅长。此外，也不是所有情节都适合用视觉形象表现，需要画家甄别，选择自己熟悉和感兴趣的题材和情节。

首先，插画家应主动选择熟悉的创作题材和适合自己创作风格的文学作品，尽量不要被动接受自己并不熟悉的创作命题。现实中插画家在为书籍创作插图时，往往受时间或条件限制，需要画自己并不真正感兴趣或并不熟悉的题材。一般来说，一部自己真正感兴趣且熟悉其生活背景的题材，往往会激发插图画家的创作情感。其次，插图画家应主动选择原著中适宜用视觉形象表现的情节。选择插图情节，绝不应为了图解某些已被文字细致描写的情境或情节，也不一定非要选择文字描写中的情节高潮，而应为了体现原著的内在思想性和塑造典型生动的艺术形象。最后，插画家应追求画面的整体气氛，加强书籍的艺术感染力。插画家应依据书中描写的情节和体现的思想性，寻找适合拓展自己艺术空间的情节。这种能动选择体现了插图艺术相对独立的艺术属性。插画家的能动性还表现在针对文学作品选择适当的绘画技巧和形式语言。插画家需要考虑文学作品的文笔风格与自己的绘画技巧相融合的关系。

图3–3–3 《说园》书籍封面与插画设计

## 3.3.3 寻求文字语言转换为视觉形象的交叉点

插画家要把文字语言变为视觉形象表现出来，既要忠于原著，又要遵循插画造型的艺术规律，有时文字描写很自然，而照着画出来会感觉不伦不类，且过分地强调插画的从属性，人云亦云，就会变成纯粹的图解，毫无艺术性可言。这就需要插画家发挥想象力和创造力，但这种想象力和创作力又需要寻求作家、读者、插画家之间审美思维的交叉点，才能创造出让众人乐于接受的生动感人的艺术形象。

在阅读书籍时，每个人对于书中的人物形象和环境描写都有自己独特的想象。比如阅读《红楼梦》，每位读者都会有一个属于自己想象中的林黛玉或贾宝玉形象。在插画创作中，对艺术形象的想象和理解存在不同是非常普遍的现象。虽然文学欣赏形象思维过程中存在差异，也不能忽视不同读者之间客观存在的想象共性。比如同样在阅读《红楼梦》时，不同读者想象中的林黛玉虽然千差万别，但总归是在文学描写的基础上，被想象成各种纤弱而又美丽的少女，而绝不会被想象成一个粗壮的村姑形象。如果插画家只强调自己的想象和创造性，而不尊重社会共识，其创作就不能得到广大读者的认同。因此，插画家创作时始终要在作者、读者和自己的审美思维之间寻求交叉点，并有所创新，才能创造出典型的艺术形象。

图3–3–4 《白轮船》书籍插画设计

## 3.3.4 合理安排插画位置，人为制造阅读的兴趣点或停顿点

现代的快节奏生活中，人们的休闲阅读时间越来越被碎片化，也更加追求阅读的效率性、趣味性和片段性，因此，书籍插画不仅要有帮助读者理解文字、增强阅读趣味等功能，还要具有刺激读者眼球、激发读者求知欲的作用。关键是还可以通过插画，将长篇文字人为分割为较短的片段，制造阅读兴趣点或停顿点，这也是插画的重要功能之一。所以，应合理安排插画分布位置，不要过于集中于某一段文字或章节，这样会导致某些章节成为文字图解，另一些章节则无法吸引读者的阅读兴趣，因此，合理安排插画在书中的位置，分配插画吸引读者阅读的兴趣点，使读者在碎片化阅读时间里能适时停顿或开始。插画位置的合理安排可以使书籍的可读性与可视性合二为一，给读者的阅读以美的享受，对书中精彩描述留下深刻的印象。

图3-3-5 《我的爷爷》书籍设计

## 3.3.5 提升书籍审美层次成为作家的灵魂伴侣

小说、诗歌、散文、传记等文学作品，是用不可视的抽象文字符号来描述形象，而影视、戏剧、动漫、插画等视觉艺术，则是对文字语言所描述的内容进行可视化形象的再创造，它有助于读者对文字内容的理解。然而，如果这些视觉艺术手段只不过是一些造型粗陋拙劣的图解式符号，它就可能成为插在作者与读者之间，干扰读者自由想象的多余中介。书籍插画如绘画艺术一样，都来自生活而高于生活，艺术家以独特的视角对书中内容进行提炼、想象、升华，以绘画语言对文字语言进行诠释，以艺术形象塑造的手法，描绘书中环境或人物形象。插画师塑造典型生动的艺术形象，需要基于与作家、读者内在的沟通和相互尊重，在对原著精神的领悟和体验生活的基础上，把握书中人物的灵魂和鲜明的个性特征，以及对全书插画的整体把握和运筹。因此，插画师应成为原著作者的灵魂伴侣，提升审美品位，带给读者无限的想象空间和欣赏乐趣。对于一位作家而言，能与自己想法相契合的插画家合作，是一种幸运。

图3-3-6 《集物志》第一辑·老火花专辑设计

## 3.4 书籍插画的表现形式

插画设计具有悠久而又深厚的历史，最早可以追溯到原始社会的岩画。从世界上最古老的壁画，如欧洲的原始洞窟壁画，印度的佛教壁画，到我国新疆天山岩画，再从日本江户时代著名的民间版画《浮世绘》，到中国明朝时期的版画，都在向我们展示着插画艺术的发展与进步。

## 3.4.1 书籍封面的插画设计

封面是一本书留给读者的第一印象，它的美观与否对消费者的购买行为有着一定的影响。格式塔心理学认为，图形知觉的组织性是脑本身具有机能的表现，因此，以插画形式出现的封面设计更具新奇感和情感吸引力，更能跃入人的视线。

### 3.4.1.1 书籍封面插画的特点

封面插画设计是书籍封面设计中很重要的一个部分，它位于书籍封面的位置，所以要求其具有直观、明确的特点，给读者带来能够产生共鸣的视觉效果。封面插画在封面中占有很大位置，是视觉的中心，设计者在依靠书籍封面表达书籍内容时，可以运用比喻、象征这一类的手法。封面插画可使用的内容多种多样，最常见的有人物、动植物以及自然风光等一切现实中的产物。

图3-4-1 《当偷窥狂遇见盗窃癖》封面设计（一）

图3-4-2 《大禹山海行》封面设计（二）

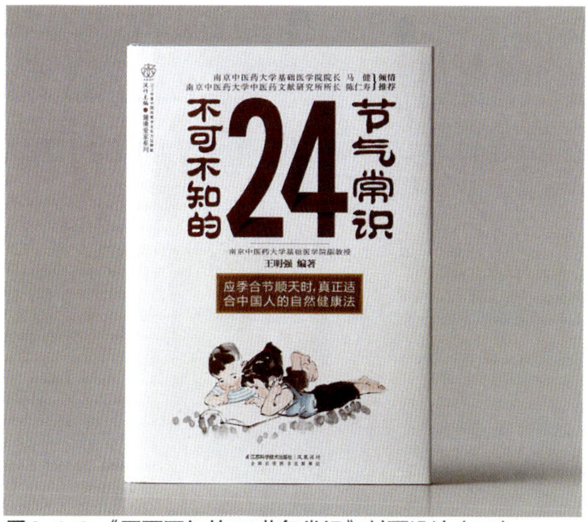

图3-4-3 《不可不知的24节气常识》封面设计（三）

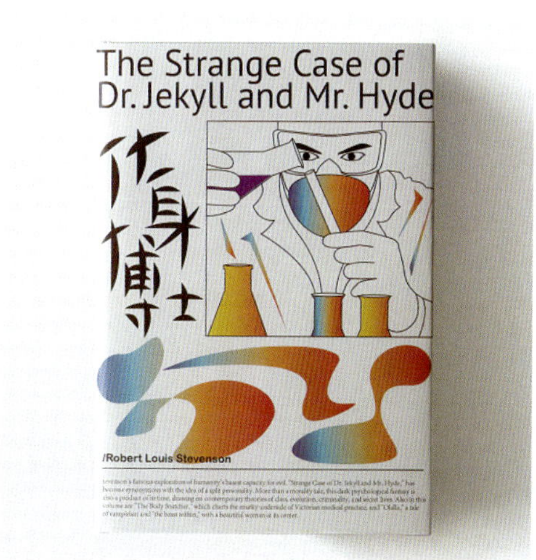

图3-4-4 《化身博士》封面设计（四）

图3-4-5 《动物庄园》封面设计（五）

图3-4-6 《我在雨中等你》封面设计（六）

图3-4-7 《岛上书店》封面设计（七）

图3-4-8 《谎言之境》封面设计（八）

### 3.4.1.2 插画设计在书籍封面中的运用要素

①在插图使用的数量上应该以少而精为好。对于大部分的书籍封面作品来说，图片数量的多少直接影响传播的效果。使用一到两幅质量较高的插画，能够鲜明地突出主题；而插画的使用数量较多时，给人带来的视觉上的冲击力则会变弱，达不到宣传主题的目的。

②插画的面积因素取决于插画的重要性。大面积的插画往往用来渲染气氛，书籍的封面采用一整张大的插图，能够快速地吸引读者的视线，给读者带来很强的视觉冲击；而小面积的图片则可用于帮助读者加深印象。

③读者的印象。读者对插画的感受直接影响插画所产生的效果。

总之，封面插图的设计是为了使读者与作者之间能够快速地进行交流，掌握它的运用要素，会使设计出来的作品更有效。

图3-4-9 《桃花坞新年画》书籍插画设计

## 3.4.2 书籍内页及内容辅助插画设计

### 3.4.2.1 插画在书籍内页中的表现手法

插画设计在书籍内页中的表现手法最有代表性的形式为绘画的方式。以绘画方式制作的书籍插画以独有的艺术品位和充满人文情感的表现方式给读者带来丰富的想象力。

图3-4-10 《北方野生动物世界》书籍插画设计

### 3.4.2.2 插画对于书籍内容的辅助作用及相互间的关系

插画与书籍是密不可分的两个方面，如果插画摆脱了书籍的主题与实质，只突出美感和画面带给人的视觉感受，那就不是书籍插画了，因为它失去了在书籍装帧中的基本意义；相反，如果只是注重插画在书籍中的从属性，那它只会变成文字的说明图解，失去了本身的审美价值与艺术价值。

插画对于书籍内容的表达具有辅助的作用，文字对插画有一定的约束性，要想使插画作品具有强烈的艺术感染力，就必须将插画与文字所表达的内容相结合，因此在插画设计的初期，不能天马行空，要全方面地了解文学作品，体会作者所要表达的思想，之后再进行创作，这样所产生的作品才有意义并且充满艺术表现力。书籍插画与文字内容上的吻合是插画从属性的基本特征，它的从属性还包括与书籍文字风格和题材的协调。

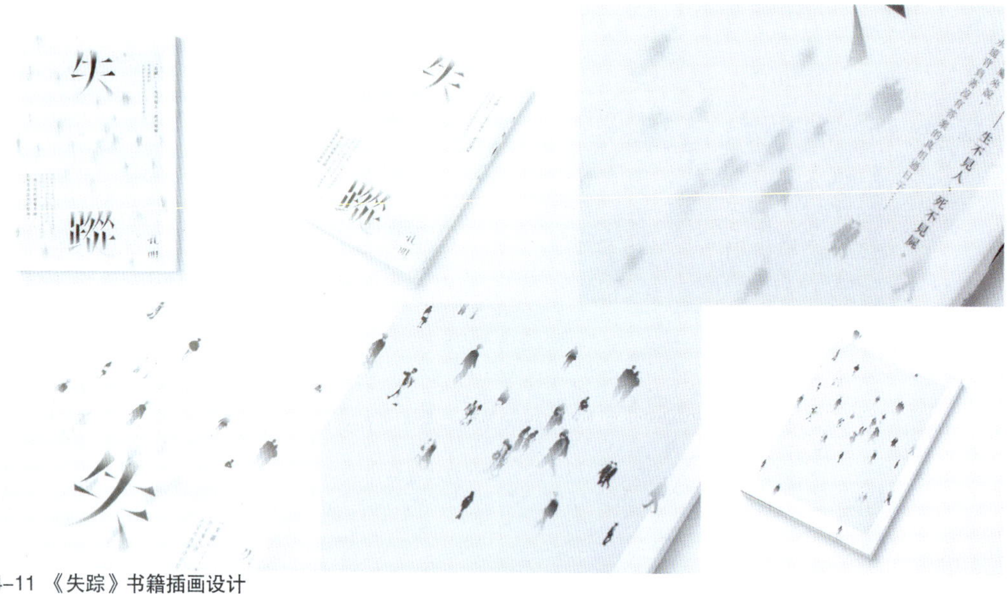

图3-4-11 《失踪》书籍插画设计

### 3.4.2.3 插画的版式

书籍的版式，也就是插画与文字在书籍中的色彩、位置、比例的关系，需要注意的是各个版式相互间的关系，它们的排列在整本书当中要具有协调性、连贯性和节奏性。文字间的插画版式可分为以下几类：①半页插画，插画在版面的宽度与版面的版心是一致的，可以根据排版的需要把图片置于整个版面的上方、下方或者中间的位置；②通栏，书籍版面可以分为双栏、三栏及多栏等，插画可以与双栏、三栏或多栏的宽度一致；③四角，即在版心的四角放置插画；④越空，是在安排插画时，把图片的一边或两边超出版心放置，形成越空的形式；⑤出血，是指把插画的一边、两边或三边扩大到书籍边缘；⑥双页插画，即插画占据版面的左右两页，这样增强了插画的视觉效果，并且使整个版面更加具有整体性；⑦整页插画，即插画的大小与版面的版心大小相同，一般多运用于美术及摄影类的画册和杂志。

图3-4-12 《法国“孔子学院”杂志设计》书籍设计（一）

图3-4-13 《法国“孔子学院”杂志设计》书籍设计（二）

图3-4-14 《法国“孔子学院”杂志设计》书籍设计（三）

图3-4-15 《法国“孔子学院”杂志设计》书籍设计（四）

图3-4-16 《法国“孔子学院”杂志设计》书籍设计（五）

图3-4-17 《法国“孔子学院”杂志设计》书籍设计（六）

图3-4-18 《法国“孔子学院”杂志设计》书籍设计（七）

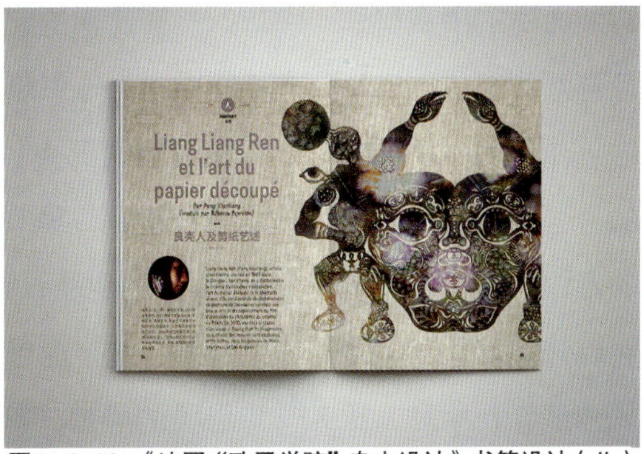


图3-4-19 《法国“孔子学院”杂志设计》书籍设计（八）

## 3.4.3 书籍包装及宣传的插画设计

书籍包装的插画设计由于画面简单、直观清晰，易于辨认，打破了国界间语言的限制，所以它已经成为书籍包装形象创作中不可替代的一部分，它通过对产品内容、形象的处理，对产品的视觉形象进行了深层的加工。

### 3.4.3.1 插画设计在书籍包装中的诉求功能

插画设计在书籍包装中最基本的诉求功能就是将作为商品的书籍中的信息简单明了地传递给读者，从而使他们产生兴趣，同时强化书籍的感染力，让消费者信服书籍所传达的信息并欣然接受这些信息，这样才能够刺激消费者的购买欲望。

### 3.4.3.2 插画在书籍包装中的应用原理

书籍包装中的插画设计，是用确切而生动的视觉形象将书籍所蕴含的主题表现出来，它所包含的元素都是以书籍为中心，因此作者在给书籍的包装进行插画创作时，需要对书籍本身有一个准确的市场定位。

首先，插画设计要具有创造性，能够将书籍信息巧妙地表现出来；其次，插画一定要有好的表现形式和视觉效果；最后，就是寻找合适的介质，从而将设计出来的书籍插画及书籍本身推广出去。

### 3.4.3.3 插画设计在书籍设计中的表现技巧及优势

书籍插画的表现技巧可分为两点：第一，用“具象图案”来表现，其最主要的目的就是将商品内容推荐给消费者，主要是以写实表现手法为主。书籍包装上的插图使用十分具有代表性的图案，让读者能迅速了解书籍所要传达的内容，这样也能使消费者在挑选书籍的时候节省时间。第二，用“抽象图案”来表现，作者能够将思想中模糊而又朦胧的概念或者情绪通过抽象的图案表达出来，对人们的思维没有局限，使其能够得到充分的发挥，这样更容易达到预期的表达效果。抽象的图案具有强烈的视觉效果，能够在各种各样的书籍作品中，展现设计作品别具一格的特点，在表现图案的选择上需要考虑书籍本身的诉求与所面对的消费群体。例如，一套诗集的包装上面采用了较为抽象的图案，图案的造型和色彩都能够传达出一种古朴的感觉，与书籍的主题和风格相吻合，能够吸引读者的视线。

书籍插画在书籍设计中的优势有三点：第一，插画在书籍包装中的表现手法是多样化的，可以从更多角度对书籍进行展示。第二，插画的表现风格是多变的，通过对书籍本身的定位，创作出适合不同消费群体的包装设计作品。比如针对女性书籍包装上的插画设计，可以较多地采用浪漫唯美的元素，这样能够提高女性消费者对书籍的关注度，包装的整体风格清新、柔和，给人一种温暖的感觉，符合大部分女性读者的审美；针对年轻人的书籍包装设计可以采取时尚的风格，　套涂鸦风格的包装，整体富于时尚气息，独具特色，满足年轻消费者个性化的心理需求，更容易引起年轻人的认可。第三，具有丰富的装饰性，插画本身既可以独立使用，也可以把它当作具有装饰效果的图形进行使用，书籍包装本身只使用了具有装饰性的图案，这些装饰图案作为书籍包装设计的主要图形语言，使整本书的感觉简洁明了，与书籍本身的风格相得益彰，并使书籍获得更加多样化的艺术美感。

图3-4-20 《拾失食》书籍设计

book

binding

design

PART 4

# 第4章

## 概念书籍设计

# 4.1 概念书设计的概念及书籍形态

在很长一段时间里，书籍设计的观念局限在封面、排版和色彩上，然而概念书籍的出现，彻底从根本上突破了以往的书籍设计思维，概念书籍让更多的人认识到书籍装帧设计不仅仅是从封面、色彩、排版这些平面因素得到创新和发展，也可以通过结合书籍要表达的内容，对书籍的外部形态进行创新设计。

## 4.1.1 概念书设计的概念

概念书是在传统书籍的基础上发展起来的，它更多的是书籍内容的一种创新的表现形态，是一种思维上的创新。设计师通过自己独特的设计语言，通过个性的表达方式摆脱传统的书籍设计模式，用极具个性的手法来表现书籍的内容和思想内涵。概念书有各种新奇的、无穷无尽的表现形式，可以延展出许多不同的书籍形态。概念书是一种探索，可以通过材料、工艺等进行前所未有的设计和不断的尝试，让人们改变以往的阅读习惯，接受一种新的信息传达模式，一种新的书籍形态。

### 4.1.1.1 概念书设计与传统书籍设计的界定

传统书籍的形态是不断发展变化的，从卷轴装、旋风装、蝴蝶装、包背装到线装书，中国传统书籍形态的发展和中国的历史文化一样源远流长，有着丰厚的文化底蕴。传统概念里的书籍设计更多注重的是书籍的封面设计，虽然在书籍封面和形态上会有一定的变化，但往往忽略了书籍设计的整体效果。而概念书在注重书籍封面设计的基础上进行了更大胆的设想，不再是简单的封面设计，而更多的是对形态的创新。

概念书设计是在吸取了中国传统书籍的设计理念的基础上而发展起来的，概念书是站在传统书籍设计的高度进行新的创意，而传统书籍对概念书设计起着引导启示的作用。概念书设计的主要目的是反映书籍内在的本质，这一点和传统书籍设计在某种程度上来说是一致的。如图4-1-1，在传统书籍的表现材质上进行了镂空设计，传统材料和现代设计手法的融合使书籍变得立体并且充满趣味，这也是概念书设计的表现手法之一。

图4-1-1　镂空概念书

### 4.1.1.2　概念书设计与现代书装设计的比较

现代书装设计相对于传统书籍设计已经有了全新的设计理念，现代书装设计已经不再是简单的外部包装，而是以书籍形态为载体的设计，现代书籍更注重的是整体设计。概念书的设计充分发挥了现代书籍整体设计的设计理念，是一个从内在到外在的视觉设计，是从平面设计到立体设计的完美结合，而且设计者应该充分考虑市场的实际情况，把书籍看成一个销售整体。

现代书籍整体设计强调的是书籍封面、版式以及材料和制作工艺的整体设计，概念书是在书籍整体设计的基础上对书籍形态设计进行的一种探索。概念书是一个“活动的整体”，不是简单的几张纸和文字的装订，根据书籍内容的不同可以利用纸张甚至是纸张以外的材料来对书籍的形态进行设计，概念书以此为出发点，立足于现代书籍整体设计的理念对书籍形态设计进行创新，设计出与以往书籍完全不同的形态和风格。

现代书籍装帧设计不再是单纯的书籍设计与制作，更不是仅仅局限于书籍封面的设计，而是一种从书籍的内在发展到外部设计的行为。如图4-1-2展示的就是一本概念书，制作工艺、材料以及装订工艺采用了不同的表现手法，从外表上看起来是一本书，但实际的内在形态却发生了变化。可见概念书是对书籍形态、书籍版面以及材料工艺等进行的全方位设计。概念书在形态上与众不同，而设计工艺、材料令人眼前一亮，是有独创性的书籍。

图4-1-2　秀色可餐的书籍设计

## 4.1.2　概念书设计与书籍形态

概念书的出现是站在人类文明高度发展的基础上提出的全新设计理念，是在人类的认知过程中，对事物的本质有了一定的概括之后进行的设计，对于读者来说是一种全新的阅读体验。概念书并不是脱离时代、脱离现代设计而存在的，而是在现代书籍形态设计的过程中产生和发展的。在人们大力追求信息化、科技化、数字化的今天，书籍设计也在寻求这样的变化。书籍设计是多学科的融合，涉及范围十分广泛，概念书应该立足于这样的思维方式来进行设计。

概念书不单是对封面的设计，而应该充分考虑书籍构成、材料、制作工艺、展示方式直至如何销售等一系列要素（如图4-1-3）。概念书设计是在书籍整体设计的基础上进行的设计，而且并不是全然不考虑书籍的实用功能。概念书设计是为了满足人们全面的书籍审美需要，是设计师创造力的展现，它的出现是在总结传统书籍的发展历程上，结合现代书籍设计的基础上提出的一种新的设计理念，也是对未来书籍发展提出的一种具有引导意义的设计理念。

图4-1-3　SEW儿童学习手工缝制书籍装帧设计

## 4.2 概念书籍设计的理念原则

概念书籍的设计，首先对设计师提出了更高要求，要求设计者必须在思维模式上采用创新的理念，要求设计师打破传统观念，在更高的意识层面上掌握概念书籍的形态。从某种意义上讲，设计师的思路决定了概念书籍未来的设计思路，因此，要想对概念书的设计有进一步的创新，设计师们必须结合已经掌握的概念书籍设计原则、方法和当前我国书籍创作的现实，在充分挖掘自身想象力的前提下，信心十足地去创造新的书籍形态。

### 4.2.1 概念书籍设计的全新理念

#### 4.2.1.1 善于打破传统的思维模式

设计师一旦打破了传统的思维模式，那么对他自身的思维意识来说就不是简单地提高了，就是一种本质上的飞跃，是真正的创新。由于受到传统思维模式的影响，人们一旦陷入传统思维模式后就很难再拥有全新的、比较新颖的思维模式，著名作家卡夫卡说过："艺术家想要给予人以另一副眼光，必须利用这种办法来对现实进行改变。"因此，概念书籍设计需要人们把自己的思维打开，不断提升发掘自己的创新思维（如图4–2–1）。如何做才能打破旧的思维模式？这就要求设计者不能生活在封闭的时空内，试问设计者自己都不能脱离现实的"束缚"，思维如何走得出来？如何能进行创意设计？总结古今中外所有艺术大师们的成就，可以得出这样的结论：更多地走入生活、接近读者，探索读者的阅读需求，最终把握住时代的脉搏，这是设计师们创新突破的唯一出路。

图4–2–1　概念书《心情日记》设计

#### 4.2.1.2 符合不同时代审美观的需求

针对当前我国书籍创作的良好氛围，对书籍必须要有一个全新的审美观。这就要求书籍的形态发展跟上时代的脚步，要求设计师抓住机遇，充分提高自己对概念书籍的审美要求，没有最高，只有更高，这是对作品的要求，更是设计师必须要对自身提出的要求。

如图4–2–2，开封曾经历了兵、火、水患的重重灾难，然而这也促使开封城进行了一次次重建，促成了开封城叠城的奇观，因此以此为分界线，用开封历史上经历的三次比较严重的破坏作为分界点，将开封的历史分为四个部分。并以每部分的研究内容分别设计一本书，针对每个部分的建筑以及当时的版图进行分析和介绍。为读者展现一个不一样的开封，带来一种不一样的视觉感受。

在书籍的封面设计上，以每本书最有朝代鲜明特色的建筑作为封面主形象进行设计，利用开封城层层叠合的特点在封面上制作一个每一页层层凹陷收缩的建筑轮廓来吸引读者的眼球，引起读者的阅读兴趣。

从开封城的每个历史时段中选出七座最具有代表性的古建筑，分别放在四本书中单独介绍，使整本书能够与现今的开封城古建筑相互呼应。对这七座建筑分别进行三维化处理，立体地展现在读者面前，使读者在阅读文章内容的同时能够更加直观地了解建筑的特点，使之对当时的历史背景与建筑的由来有更加透彻的了解。

图4-2-2　开封城下城概念书籍设计

### 4.2.1.3　具备独特个性理论

在整个概念书籍的设计过程当中，设计师要培育出独具特性的个性理论。书籍是人类进步的阶梯，也是治疗人们心灵创伤的秘籍。在当今高速发展的社会中，虽然家家户户都有书，但这并不代表装帧的艺术是所有人都能了解、欣赏的。书籍都具备一定的独特个性，类似于住在别墅里的人不会考虑到别墅的建筑结构具备怎样的艺术价值一样。在当今的社会发展中，具备艺术价值的东西，人们并不一定刻意地研究它。书籍创作中的艺术价值在于设计时的艺术质量，设计质量好的书籍往往具有很强的独特个性。书籍的创作和书籍的内容在形态上带给人们一个完美的印象，能做到这一点实属不易，书籍的创作就要求设计者、创作者及出版界有更深层次的结合。从另一个角度上说，可以将其理解为，只有出版界与时俱进，才会使一些具有艺术价值的书籍展现独特的个性。

在书籍设计中融入创新设计理念，使得消费者也体会到购买书籍不仅仅是一种消费行为。概念书籍的主题被概括理性化，书籍的形态被重新塑造，被新理念诠释。与此同时，新材料、新工艺、新技术更为概念书籍注入了新的活力。概念书籍是新时代的产物，是在一定的物质、生产和社会条件下形成的。随着概念书籍的出现，使得书籍已经不仅是一种一般意义上的商品，它拓展并丰富了书籍的界限，更表达了书籍设计者和作者的感情与智慧，成为具有收藏、观赏价值的艺术品。

图4-2-3　概念书设计

## 4.2.2 概念书籍设计的原则

### 4.2.2.1 使人愉悦

书籍作为人类文化水平和文明水平的主要载体，承载着人们为了满足实际需要而创造出来的技能、知识、经验和思想等众多丰富多彩的内容，它不仅是一种精神产品、文化现象，同时也是一种物质象征。在当今电子产品充斥的市场中，设计师们创作出的书籍必须要持续发展和进步，才能让书籍与人类的关系变得更加密切，对人类社会的发展起到越来越大的推动作用。

（1）情感理解的愉悦性。

书籍的形态会影响读者的情感，从而影响读者对书籍内容的理解。就同我们选择自己喜欢的东西一样，读者一般会选择自己喜欢的书籍形态，也就是那些与自己情感相符合的书籍。很多读者在阅读书籍的过程中，思维通常都会跟随书籍的形态变化，在情感上上下起伏，而情感体验会对阅读思维起到引导启发作用，从而带动读者对书籍的理解，这种对书籍的情感和理解会诱导读者渗透到书籍内容中。

读者对同一个信息在不同的书籍形态影响下会有不同的理解，这是概念书籍设计时应当遵循的重点。书籍形态对读者的影响，不仅来自读者自身，更来自书籍本身，书籍包含的情感因素和读者所处的情感状态之间的关系就像两个陌生人之间产生的第一印象。当一个陌生人突然出现，他的外表就是反映给另一个人的第一印象。书籍也一样，书籍的“外表”给读者的第一印象同样相当重要。当读者手捧一本形态独特的书籍时，书籍本身透出的神秘感首先就会吸引住读者，读书的过程就会从神秘演化为愉悦，新颖愉悦的书籍“外表”与读者理性的理解融合，能够唤起读者的兴趣，从而使读者更深切地融入到书籍中进行深入的探索。

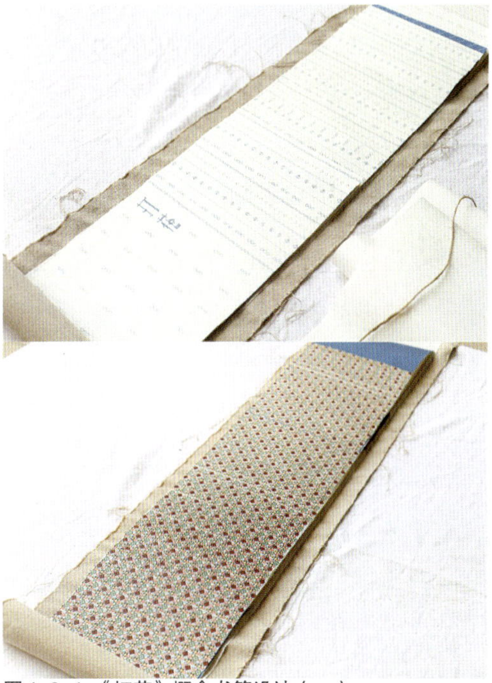

图4-2-4 《打花》概念书籍设计（一）

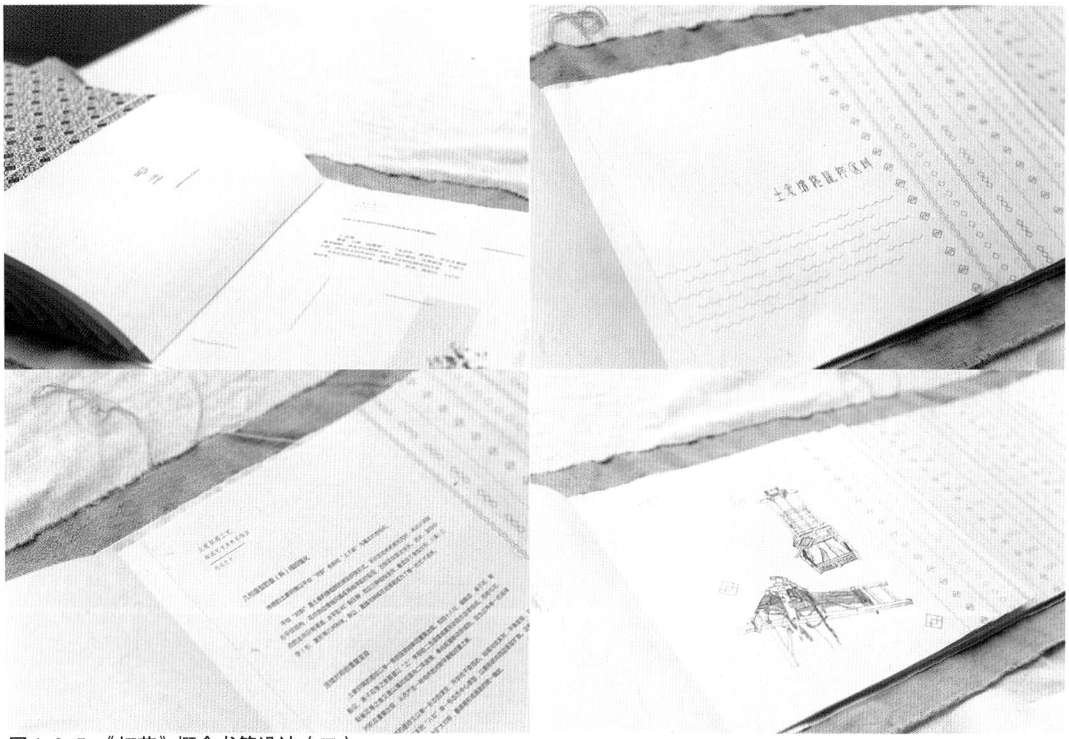

图4–2–5 《打花》概念书籍设计（二）

（2）视、触、听、嗅、味五觉的应用。

概念书籍在设计的过程中，采用了一些新型的概念型语言，使书籍的外观和所要表达的意思更加鲜活、明确、具体。概念书籍设计借助视、触、听、嗅、味五觉表现，强调本身具有的视觉艺术色彩，从而达到启发思维意识，开启创新性思维的目的。概念书籍设计的美观程度和其内容一样，都是通过视、触、听、嗅、味五觉以带给读者愉悦为目的的。它有序的设计排列和轻松舒畅的翻阅过程，都能使读者身心愉悦。概念书籍设计不仅是给作品以美感的表象，更是一种与书籍相符合的力量的表达，它将静止的点、流动的线、任何一个设计元素当作设计灵魂，让读者真正走进书中，享受阅读带来的美的享受。另外，设计师设计书籍的形态时，通过视、触、听、嗅、味五觉的表现，不仅要追求概念书籍设计的意境，还应该注重书籍的翻阅表现力，从而创造出富有感染力的阅读书籍，达到可视、可读、便利、愉悦的目的。

一些设计者对未来书籍设计提出构想，就是创造出具有民族特色的书籍并将其推入国际行列，使其具有国际语言特征，让读者在读书的同时，感觉中国文化的神韵，在书中得到熏陶，达到性情和视觉的双重愉悦。

“概念书籍”是为了让人们在阅读过程中获得更多快感，从而把书籍变成“游戏”设计。它会把一本普通的书籍，变得让人爱不释手，这种新颖的形态设计，让书籍有了生命，和读者情景交融，让书籍在读者手中变得鲜活起来，这时候的书籍就是以一种主动的姿态伸出它灵性的触角来触动读者。书籍作为信息的载体，在今天这个变幻多端、五彩缤纷的信息时代，它的历史使命光荣而又艰巨。

《秋·诗》这组书籍概念设计作品用烛光比拟阳光（如图4-2-6），放入许愿瓶中，将光线聚拢。瓶身旁散落下秋日的枯叶，营造秋日的氛围。许愿瓶上分别是戴望舒的《秋天的梦》，海子的《秋日黄昏》和痖弦的《秋歌——给暖暖》，将书籍的内容结合设计氛围，一目了然。

图4-2-6 《秋·诗》概念书设计

《诗经》是中国最早的诗歌总集（如图4-2-7），渗透着历史感。特殊的古籍纸张加上亲手缝制的书籍边线，期望模拟出具有历史沉积的诗经集。盒子是手工折叠的，盒子里的填充物亦是诗经里的诗句的纸条，每个盒子都是尘封的历史，笔迹的沉厚。

图4-2-7 《诗经》概念书设计

### 4.2.2.2　符合读者的心理

（1）满足读者心理需求。

由于读者群体在文化水平、生活环境、年龄等方面的差异，形成对书籍的不同的心理需求。概念书籍设计只有充分满足了大多数读者的需求，才能算得上成功的设计。为了满足读者的需求，概念书籍设计不仅要考虑到它的阅读过程，还须考虑到它的运输和存放给读者带来的便利程度，所以，书籍的设计尺寸要有一定的把握，但为了宣传书籍的鲜明主题，突出其个性，很多书籍打破常规，采用了特殊的版本和造型，对书籍的成本、运输和存放都没有带来太多的不便，反而让读者因为拥有了一部具有鲜明艺术个性的书籍而感到愉悦。

图4-2-8 IKEA(宜家)直邮宣传单张

（2）抓住读者的注意心理。

概念书籍在设计过程中常常用强调、重复等艺术手法展现艺术语言，在时间和空间上有机结合，调动读者的视觉、听觉、触觉等感观，引起读者在阅读中对书籍内容所表达信息的注意，这种注意的参与，加快了内容的传播，激发出读者的阅读欲望。

图4-2-9 《壹载》插画概念书籍设计

（3）以读者的理解心理为中心。

读者受传统的对书籍的认识态度和生活背景的影响，不同的读者对同一信息会有不同的理解，这种理解心理是一种主观反应，读者从最初认识，到理解，再贯彻到实际阅读中，这就是书籍设计效果深化和扩大的结果。设计师只有根据读者对书籍的不同理解，创造出不同的书籍表现形态，做到书籍形态和读者理解相融合，才能让概念书籍更好地为读者服务。

概念书籍和传统书籍一样，都有着传达信息的目的，也就是包豪斯所谓“设计是为了大众而进行的活动”。概念书籍设计，为了满足大众的需要去进行创新，养成一种以读者为中心的设计思维意识。

图4-2-10 《东方新娘》概念书籍设计

（4）使读者具备参与意识。

读者从各自的需求出发，接受的同时就是参与，他们的这种行为并不是消极的、被动的，而是受书籍形态影响的结果。读者作为书籍的最终受用者，在书中接受信息后又传播出去，读者起着双重角色的作用。他们既是主动的接受者，书籍的服务对象，又是积极的参与者，书籍内容的主人。所以只有注重读者的参与性，树立主人翁精神，倡导新的书籍设计观念，才能最大化地提高读者的参与意识。

设计师在运用艺术语言与读者交流的整个过程中起着决定性作用。设计师蕴藏着审美主体对信息和空间的解释力量，凭着对艺术语言较深入的研究，依靠审美语言实现传达某种即定的意义。设计师为读者带来视觉刺激和所要传递的知识，以改变知识的单向性结构满足读者的多向性审美心理需求，改变以往的正常视觉语言，无限地传递着知识信息。

如图4-2-11，用木头架构成一个辘轳，用布条缠绕并且印上文字(草书具有历史感)来代替传统的麻绳，文字内容记录了辘轳的历史和水资源的问题，并把绳子的一头固定在井底。井底铺满一层沙子和小石头并有断掉的好多碎布条。使用的时候，辘轳摇着摇着摇不动了（一头固定在井底），但是没有桶出来，也没有水。寓意着水资源的缺失，提醒人们应重视水资源，并期待人们能够节约用水。

图4-2-11 《辘轳的记忆》概念书籍设计

### 4.2.2.3　防止视觉疲劳

设计以满足人们对知识的需求、审美的享受为目的，通过丰富的表现手法和表现内容把视觉认识和推理相融合，借助书籍的形态以防止阅读的疲劳。

（1）生理疲劳和心理疲劳。

当人的眼睛长时间接触同一事物的时候，是很容易产生视觉疲劳的，有时候甚至会产生麻木的感觉。例如，书籍的材料纸千百年来一成不变，由于其延用时间久远，人们对其就产生了视觉疲劳，几乎没有任何感觉。这就是视觉生理疲劳。

视觉心理疲劳则是指在长时间面对同一形态时，对其所产生的漠视感。可以说这是一种视觉浪费，也就是所谓视而不见，熟视无睹。假如作品不能让人们在视觉上产生新的感受，就达不到让人接受信息的目的。

避免视觉疲劳的最好方法就是提高设计的新鲜度，用新的事物来刺激人们的眼睛和心理感受，正是这种设计的新鲜度，也就是所谓概念创意，决定着人们的视觉是否疲劳。

如图4–2–12，概念书《唐诗三百首》的封面用颜色古朴的松板采用激光雕刻的工艺雕成大小不等的镂空创意字体，然后由大到小、从下往上，有规则地在布满密密麻麻的文字纹理的板子上进行贴合，从而达到层次丰富、古朴的效果。书脊采用了亚麻布和彩色棉线相结合的方式来装订，增加了书的现代感。封底用国画颜料涂刷成由黄色到朱红色的渐变，不但增加了书的层次感，而且与书脊的彩色棉线相呼应。

图4–2–12　概念书《唐诗三百首》书籍设计

（2）设计师的创新思维。

借鉴其他设计艺术流派，同时具备较高的艺术鉴赏力和设计洞察力，才能够有效地设计出防止视觉疲劳的概念书籍。必须吸收先进技术、新发明中的精华，采用新材料、新工艺发展概念书籍设计，才能够应对新时代发展的要求，迎接时代的发展对概念书籍设计的挑战。作为一位优秀的设计师，必须善于运用新技术，排除固有的思维模式和表现方法，才能站在时代的前沿，设计出科技与艺术相结合的杰作。

图4-2-13 《无关》概念书籍设计

（3）设计师综合的素养。

为了防止视觉疲劳，设计师不仅要有渊博的知识、高深的素养来扩展思维，还必须有敏锐的创造力、时尚的思维方法，充分理解作者要传达的信息，才能创造出新颖又合理的设计方案，达到审美阅读相契合的效果。

如图4-2-14,《平面国》书籍概念设计从二维结构莫比乌斯环出发以三角形方式折叠，构成4页正方形书籍页面。页面上的顺序图形想要表达宇宙生命历程的一种可能——从大爆炸诞生到热寂的终结。书籍完全展开时因莫比乌斯环结构特性导致其上图形虽位于同一二维平面却不连续。映衬了生存于三维空间的生灵也难以看清自然的全貌。国家作为一种意识形态，限制着人类的政治与文化。书籍安放于一矩形立方体函套中，如同其内以国字为框的平面二字。“平面国”象征着无时不被限制的人类思维。书籍通体着黑色，黑色是一无所有的颜色，以表达书籍背景信息毫无倾向。

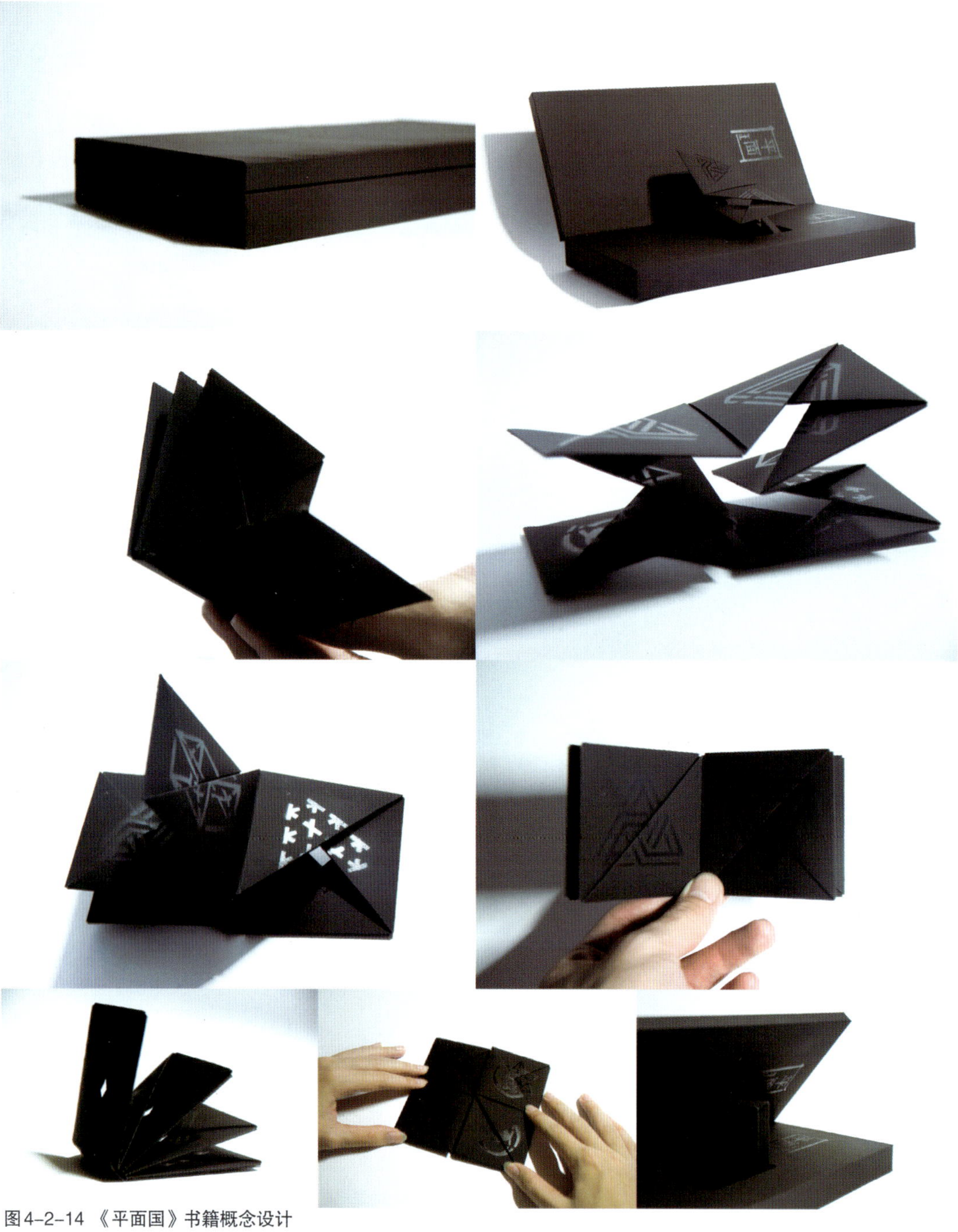

图4-2-14 《平面国》书籍概念设计

（4）设计师的社会责任感。

设计师作为信息的传播者，它在生活发展、审美情操、道德情感等多方面都对社会有所影响，所以设计师必须具有强烈的社会责任感，关注更多的社会问题，承担更多的社会责任。设计不仅要结合审美，涉及防止视觉疲劳的作品，还应从社会生活的各个方面进行综合考虑，对社会公众做出正确积极的引导。

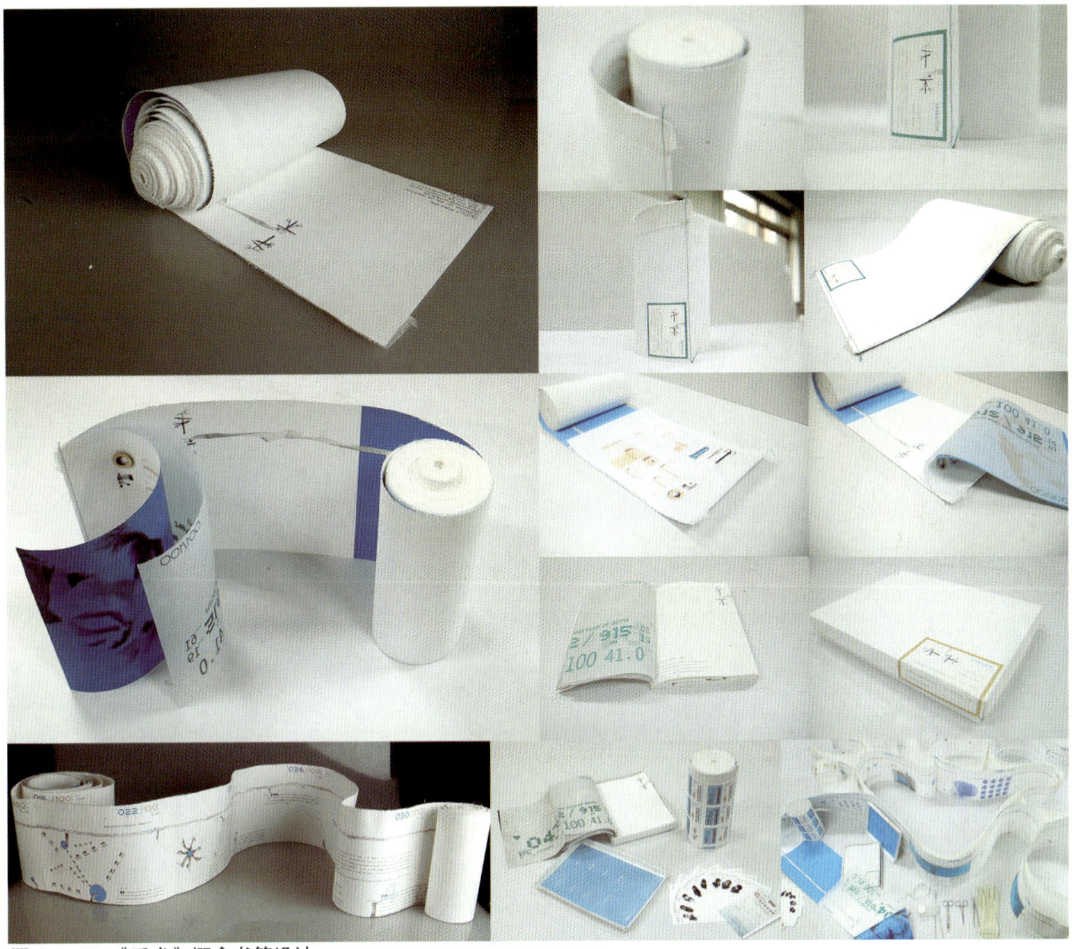

图4-2-15 《手术》概念书籍设计

（5）设计师的沟通表达能力。

作为艺术的传播者，设计师必须要具有很强的沟通能力和综合表达能力，只有拥有强大的思想沟通和表达能力才能做到真正意义上的信息传播，所以设计师既可以是概念书籍设计的思想者，同时又是书籍内容的阐释者。

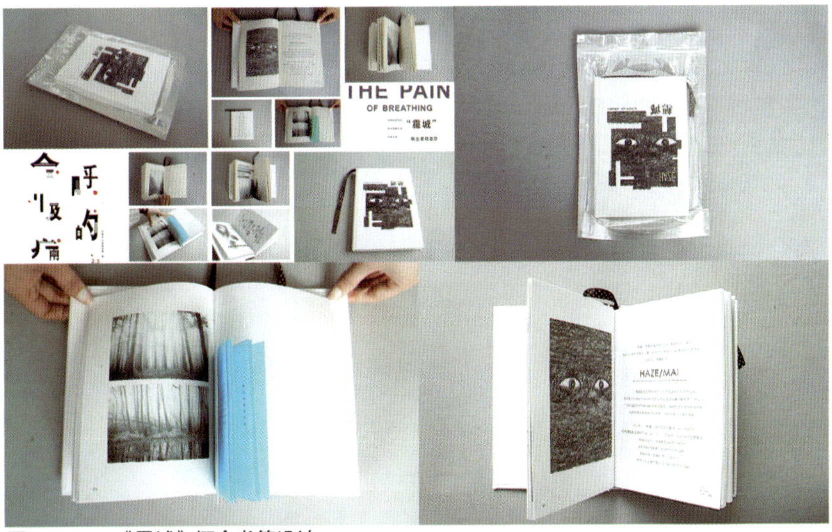


图4-2-16 《霾城》概念书籍设计

### 4.2.2.4 给读者留有一定的空间

书籍设计留有足够的空间才会拥有自由，在概念书籍设计过程中，没有空间的设计是不完美的设计，就像中国画中的虚空间的应用一样，空间不仅留给人们无尽的遐想，还能让人们的想象力得到充分发挥。在我国古代诗句中也会把想象的空间预留出来，如“飞流直下三千尺，疑是银河落九天”就是在语言设计中留有充分的自由空间。人们在阅读的时候，也喜欢给自己预留出足够空间的书籍，不希望书籍设计者考虑的那么“周全”，那么面面俱到，角角落落都是设计者想要表达的思想，而读者成为一个只是被动接受知识的人。人们希望在接收信息的同时，也要得到思想的自由快乐。这种快乐就是书籍设计者给读者预留出来的空间的满足感而形成的，让更多读者在接收信息时，使自己的思想随着设计者的思维跳跃，激发内心的情感。使自己的能量得到发挥，创造出属于读者自己的奇迹。

另外，书籍设计空间中空间形态的塑造，色彩、画像的运用都给读者以直接或间接的示意和思维的引导，使读者进入书籍后，亲身感受并展开联想，这是空间艺术造型的表达。而这个让读者示意——接受——联想的过程，就是空间意境的存在起到的作用。

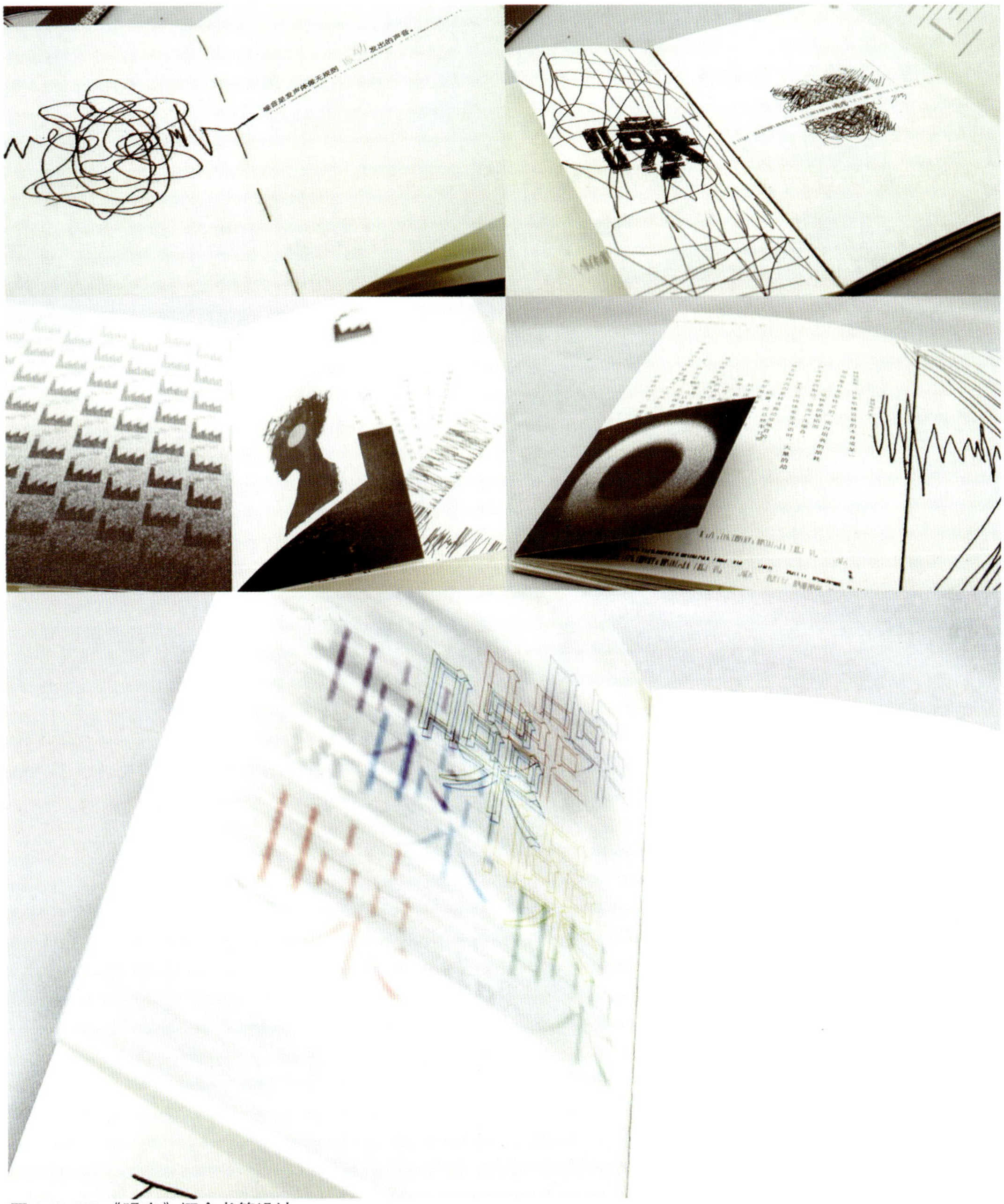

图4-2-17 《噪音》概念书籍设计

# 4.3 概念书籍设计的方法

书籍设计是一门学问，它不是简单的二维空间平面绘制，也不是静止的艺术创作，概念书籍设计是把时间和空间完美结合的四维创作艺术。

## 4.3.1 时间方法的运用

### 4.3.1.1 时间方法的理解

设计师在空白的纸张面前演绎着时间，在一页一页的阅读翻动过程中吸纳着流动的空间，整个过程充满了对时空的表达，设计师在作品面前表现着自己，给他人传递自己的心路，这样的设计，不仅仅是排版，它包括形式美、内容美、意蕴美三个层次（如图4–3–1）。

“形式美”是折装、线装等外形的美感，是书籍的外在形态。设计师对形式的结构设计，有很大的发挥余地。

“内容美”可从立体、多层次、侧面、动态等方面进行空间展示，以书的封面、版式为出发点，使书籍形态丰富多样。

“意蕴美”与读者的动态相关联，是多门类、立体的艺术，只有深思熟虑、见解深刻才能设计好一本书，这些方法的运用，实际上就是时间上的运用。

在同一张纸上进行平面设计，普通设计者会认为这张纸只是一张纸，而对于设计意蕴有深刻理解的设计师来说，则具有明显的差异，正是这种看不到的差异影响着设计者的思维。这样，概念书籍设计者会更进一步深层思考，与空间、时间进行对话。在白纸上的点线交替，对空间和时间的穿插，静态与动态的交融，如同在滑雪场上始终保持身体与山坡的倾斜度相平衡一样，达到完美的创作意境。这种完美的创作意境的结合，包含着时间与空间的统一。

图4-3-1 《门神》概念书设计

### 4.3.1.2 双向互动的设计

书籍的设计只有注重付出时间的意义，才算完整，不但要让人知晓信息，还要在时间的流淌中感受信息。概念书籍时间的观念围绕着设计的互动性体现意义，在其双向互动中，以独特魅力为双方提供交流的平台。好的设计师不是局限于自己设计时间的流动，还将时间传递于宇宙时空之中，在概念书籍设计中把握住空间和时间，使书籍设计产生强大的生命力。

图4–3–2 《中国文字发展史》概念书

## 4.3.2 多维空间方法的运用

“多维”概念是一个值得研究的理论，可以将功能分开，展现空间功能的丰富性，划分的具体就能更好地表达空间的功能。这个概念，从平面、空间、动态等多方面对书籍形态整体有所把握，具有很实用的意义。

随着社会和科技的不断发展进步，书籍的设计也受到了新技术、新媒介的挑战，跟其他设计一样，这种传递知识、启承思想文明的载体受到了强烈的冲击，对设计进行剧烈的变化就成了时代对设计师们提出的要求、呼唤、命题。随着人们审美需要的日益提升，平面思维模式的书籍设计满足不了人们的需要，逐渐被多形态的空间思维取代并日益普遍，设计师将这习惯恒常的视觉语言改变，为读者带来的新的视觉冲击，用“多维”理念将设计者与书籍设计相融合的“多维”空间概念，“多维”空间概念作为思维方式可被任何设计所引用。在多维空间的思想下寻找一种符合现代多元信息的设计背景，以体现主题、完善概念为要求，达到设计的目的。

现在的书籍形态多由“多维”概念贯穿而成，多维概念自始至终地存在于书籍的客观形态中，不仅指这种客观对象的设计，还包括对设计师主观思维的设计，以及大众接受程度的思维，这种“多维”与设计融合的形态，也是未来书籍的发展方向及空间存在领域。

概念书籍设计主要是空间设计，它作为书籍信息的载体，是书籍传播的重要因素，概念书籍艺术承载着书籍作为媒介所表达的所有信息。概念书籍设计作为独立于空间的外界系统，书籍世界的主导者，书籍空间设计和所要传达的信息是书籍传播的主要内容。书籍空间这个有具美学性能的多维空间结构，是阅读活动的产物，是人与人之间的交往中介，是一种人为创造的空间环境。因此，概念书籍设计中的多维空间设计以其直观、形象、生动、系统、综合的魅力贯穿其中，成为设计的主要因素，在悄然无声中为读者带来真善美的感觉，使读者流连忘返。

图4-3-3 精神食粮概念书

图4-3-4　国外概念书籍设计

PART 5

# 第5章

## 书籍的印刷工艺

# 5.1 书籍设计的印刷材料

书籍的装帧材料和制作方法决定了它的最终形态。纵观几千年的书籍发展史，不论是在东方还是西方，书籍的形态都是随着材料的发展而变化的，在不同的历史时期呈现相异的特色。从早期的甲骨、树叶、木板、竹简、石料、兽皮等天然材料，到后来的金属、锦帛、纸等人工材料，每一次材料的更替都是书籍发展史上的一次革命，无一不体现了人类的智慧。尤其是纸的发明，绝对是书籍历史上的里程碑。由早期植物纤维的草纸，到现在各种化学工艺的纸张，都是人类智慧的结晶。而现代书籍设计的材质更加丰富并表现出不同于一般的创新与变化，各种材料的单独使用或者互相搭配，都呈现出不同的装饰风格。

## 5.1.1 书籍的印刷用纸

用于印刷文章内容的书籍用纸一般有几类：

新闻纸：也就是一般的报纸纸张。它的纸质松软，吸墨能力强，富有弹塑性。含有较多的木质素和杂质，纤维比较粗，纸张容易发黄变脆，抗水性差。所以通常都用在更新非常快的报纸等方面。

凸版印刷纸：应用于凸版印刷的专用纸张，纸质和新闻纸类似，但是抗水性、颜色、纸张平滑度比新闻纸要好，吸墨虽然均匀，但是吸墨能力没有新闻纸好。

凹版印刷纸：纸质洁白坚硬，有很好的平滑度和耐水性，通常用于单色、彩色的印刷画报、图片等方面。

胶版印刷纸：胶版纸的质地紧密，伸缩性小而抗水性强。这是常用于现在的胶版印刷的一种纸张，它能使印刷品保持较好的色彩的纯度与质量。

胶版涂层纸：又称铜版纸。它是在纸面上加涂一层无机涂料再经过超级压光制成的高档纸张。纸质非常平整光滑，显色纯度高，印刷时能够得到较为细致的光洁网点，可以很好地展现画面的层次感。现在大多数的杂志、画册等都选用这种纸张。

白板纸：纸质较厚，有较好的耐折度。纸面色质纯度较高，吸墨比较均匀。因此一般用作精装书籍的封面、里衬和函套等。

合成纸：利用化学原料添加辅料制成。一般质地柔软，抗水性好，抗拉力强，能抵抗化学腐蚀和冷热变化。现在也广泛应用于高级的艺术画册、书籍的印刷。

## 5.1.2 书籍的特种纸张

用于书籍的装饰纸材都统称为特种纸或者艺术纸。特种纸都有各种各样的特性，不仅有丰富多彩的鲜艳颜色，而且还有反光、亚光、丝光、金属光泽等千变万化的光泽。并且特种纸一般都有原始的或者压印出来的凹凸纹路肌理等。这些纸张本身都有着自身丰富的表达语言，设计师一般都应用特种纸本身的色泽或起伏的肌理纹路来达到视觉乃至触觉上的感官愉悦。

### 5.1.3 天然的环保材料

利用天然材料来做书籍的装饰已经不是新鲜的事了，天然的材料有着它自身的各种特性，自然、质朴、典雅，等等。并且天然材质有着人工无法仿造的质地、纹路。恰当地用于书籍装帧更能表达主题，打动人心。

竹材与木材：竹木材质本身就有一种无法言语的朴实味道，质地轻巧、强度较高，其纹理也清晰漂亮，因为在中国早期的书籍就是用竹简木版制成的，所以它非常适用于有文化底蕴的书籍装帧。竹材和木材不仅仅可以用来制作书籍封面，还可以用来制作书籍的函套。而巧妙地应用这些材料也能把它作为文字的承载材料。木质的天然纹路和触感能唤起人们心里的质朴。

图5-1-1　书籍设计（一）

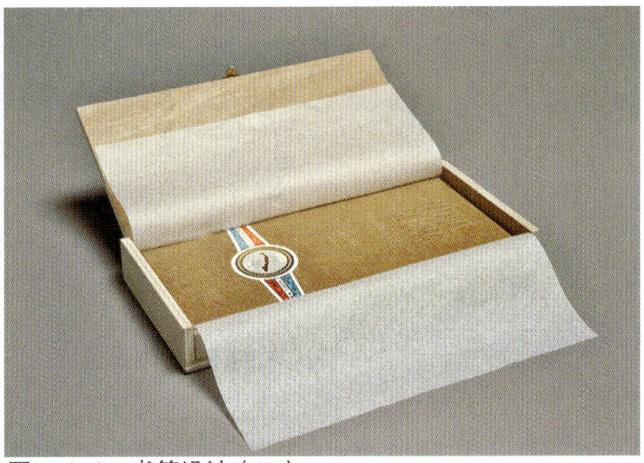

图5-1-2　书籍设计（二）

图5-1-3　书籍设计（三）

皮革：皮革在书籍装帧中可谓贵族的衣裳。价格昂贵并且不易加工。通常是数量较少的珍藏精装书籍才使用这种材料。皮革通常用于封面和函套。不同的皮革加工方法和艺术表现力也不同。牛皮质地坚硬、韧性好，而羊皮柔软细腻，但易磨损。麂皮皮质粗糙、但是有很好的自然表现力。这些皮革有着美观的自然纹路、色泽。但是如果想在上面印刷文字只能采取压印或者烫印的方式，这样制作出的字体有很强的立体感（如图5–1–4~图5–1–7）。

图5–1–4 *The Book of Stranger*书籍装帧设计（一）

图5–1–5 *The Book of Stranger*书籍装帧设计（二）

图5–1–6 *The Book of Stranger*书籍装帧设计（三）

图5–1–7 *The Book of Stranger*书籍装帧设计（四）

## 5.1.4 特殊的人工材料

除了天然材料带来的与自然亲近的感觉以外，许多人工的材料也被广泛地应用在书籍装帧中，它们也有着各自的特性与说服力。

金属：金属材质被应用到书籍可以追溯到几千年以前，除了在金属鼎上铸造文字以外，许多书籍还用金属制作包角来保护易磨损的书角。由于金属坚硬、可塑性强，并且有着华丽的光泽，现代的书籍设计还会使用它。金属种类繁多，加工后给人的感觉有的是锐利冷静，也有的古朴笨拙。它的表现范围较为宽广，有许多的书籍设计者经常选用合成金属，结合书籍的外观造型，运用高科技的工艺技术对其进行进一步的制作处理，使得书籍具有一定的空间感和质感，强化书的表现力以达到所需效果。金属的质地坚硬并且分子结构稳定，抗腐蚀性很强，对脆弱的书籍有很好的保护作用，常常用作书籍的函套等。

布料：本来应用于服装设计之中的各种布料现在也用在了书籍设计中。不同布料的特性适合于不同风格的书籍装帧。有光滑的丝绸、织锦缎，也有粗糙的麻布，还有各种人造的织物，棉布、涤纶、天鹅绒，等等。设计师根据书籍内容和功能来选择合适的质料。早在中国古代就有用丝绸、织锦缎来装饰书籍封面或用来包裹书函。现在也有这样的装饰方法，体现书籍古香古色的特点。而用带有自然纹路的麻布等来装饰书籍则体现别具一格的艺术气息。如图5-1-8至图5-1-11所示这本服装设计的书籍，内页采用具有视觉效果的图像来说明主题，而封面则采用粗糙的几层服装布料，简单的缝纫边角，并且保留着衣料的毛边和线头，这些使人不禁想起制作服装的场景，十分具有说服力。

图5-1-8　服装设计书籍装帧（一）

图5-1-9　服装设计书籍装帧（二）

图5-1-10　服装设计书籍装帧（三）

图5-1-11　服装设计书籍装帧（四）

塑料：塑料也经常用于书籍装帧设计中，它有百变、轻巧的视觉肌理，触感光滑（如图5-1-12至图5-1-19）。

图5-1-12　书籍设计

图5-1-13　美国Liron Ashkenazi书籍装帧设计（一）

图5-1-14　美国Liron Ashkenazi书籍装帧设计（二）

图5-1-15　美国Liron Ashkenazi书籍装帧设计（三）

图5-1-16　美国Liron Ashkenazi书籍装帧设计（四）

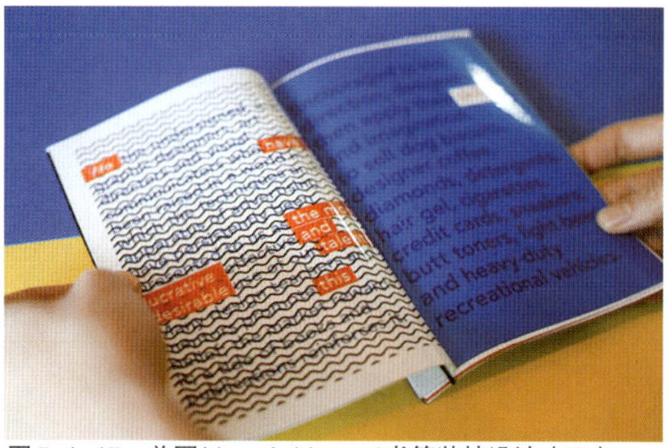

图5-1-17　美国Liron Ashkenazi书籍装帧设计（五）

图5-1-18　美国Liron Ashkenazi书籍装帧设计（六）

图5-1-19　美国Liron Ashkenazi书籍装帧设计（七）

## 5.1.5 材料如何体现书籍之美

作为一门古老的艺术，书籍一直是以物质形态展现的。而实质上它具有精神和物质的两种属性。书籍的物质属性，是指书籍的装帧形态，它是随着书籍的制作材料、制作工艺及文化发展的需要而不断演变完善的。书籍的精神属性，是指书籍的内容及其整体美所带给人的精神感受，它是随着时代的发展而变化的。随着西方印刷术的传入，使机械化印刷逐渐代替了传统手工印刷，书籍制作手段的进一步发展，装帧的形式和风格也发生了巨大变化。设计材料也在不断地创造更新，相对应的工艺已成为书籍设计中不可缺少的组成部分。书籍设计同样也要靠装帧材料的美感、印制工艺的美感来丰富、创造书籍设计的文化性，创造出更美、更新的外部形态。一本理想的书应该体现和谐之美，既为读者创造精神需求空间，又能体现视觉、触觉、听觉、嗅觉的阅读愉悦。

### 5.1.5.1 材料的文化性

纸张作为印刷的主要承印物，是一种具有文化属性的材料。现在包含高新技术和特殊效果的纸张不断涌现。特种纸是采用特定原料，经过不同的工艺技术制造而成的特种纸张，在纸张表面常含有丰富独特的纹理，在光泽度、色彩上也有所差异，可以给人们带来不同的感受。此外，在特种纸表面采用各种印后加工的方法还会产生不同的风格效果，如在艺术纸表面烫印和凹凸压印等，都是人们喜爱的艺术效果。但由于艺术纸的印刷适性有异于普通纸张，因此在印刷中要求操作者充分掌握艺术纸的特点和印刷适性，掌握印刷要领，保证印刷出精美的艺术纸印刷品。大部分特种纸价格较贵。因此大批量用特种纸印刷的画册因价格因素而导致客户不能承受，一般只用于重要书刊封面的设计及印刷。

材料语言的意义在书籍设计中自始至终是不能被忽视的，关注书籍材料的更新，对现代书籍设计的发展具有特别的意义。设计者应该从实际出发对材料加以选择和利用，发掘与它特定形态相适应的表现力，因材施艺、因艺选材，以增强书籍的审美价值。无论是创作手段还是设计思维，或是各种材料和印刷工艺，都要体现出艺术与科技的统一。由设计而充分发挥材料的美感，取得设计思想与材料特性的和谐统一，这已成为当代书籍设计的原则。

### 5.1.5.2 材料的质感美

书籍设计中，材料是体现整体美感的重要组成部分，材料的巧妙运用可以强化设计创意。不同的装帧材料具有不同的主题个性特征，用不同材料制成的书也会呈现出截然不同的视觉和触觉感受，给读者带来不同的情感体验。现代书籍设计观念的更新使新材料的应用变得更为广泛，也为书籍设计的形态提供了更多的可能。而我们在设计中要从读者的角度来关注材料的视觉、触觉、质感等。把材料作为设计语言，选择最能体现设计者主题构思的材料和印制工艺，最大限度地将材料语言的价值和内涵表现出来。不能仅凭个人直觉简单地运用材料，而是要从根本上认识和把握材料的本质属性和它潜在的功能价值。材质的美，主要是视觉与触觉的综合感应，当触觉和视觉在一起达到和谐统一时，便产生了质感美。一张纸、皮革都有其自身特性所决定的材质感。仅以纸张为例，其品种、颜色、读书和欣赏绘画不同，读者需要触摸、翻阅。所以，书要通过视觉质感、触觉质感、文字内容和材料的有机结合，给读者传递信息和营造心理上的亲切感。由于书的大小、厚薄、轻重、软硬以及它的材质、印刷工艺和装订工艺方法的不同变化，都会传递给读者不同的触觉经验，从而影响读者的心理。而视觉有相对的不真实性。如在纸上印制木纹、布纹、石纹等，在视觉中可以造成逼真的触觉质感。通过材料对读者视觉、触觉产生的心理作用，不断挖掘其潜能，对材料美感作深层的思考以便能更准确地运用到书籍设计中去。

## 5.2 书籍设计的印刷工艺

新型的印刷工艺不仅仅使印刷更加方便快捷，还为我们的书籍世界创造了丰富多样的表达语言，各种印刷方式呈现不同的设计风格和装饰风格，产生奇异的视觉效果，为书籍增添了趣味和魅力。了解这些特种印刷的工艺，能使设计师更全面地对书籍整体设计有更高层次的把握。

### 5.2.1 激光雕刻

书籍设计中还常常用到打孔的工艺，在平面的纸张上出现洞或者类似洞的一切形状的穿透空间的窗口，给予人们的感觉就是，神秘的内容隐藏在它的深度和形态之中。它产生不同视点的无限可能，以及永无休止的兴趣和好奇。这种“窗口”的意义也会改变书籍本身的含义，在视觉上造成空间的实体含义，不仅仅如此，更会引申至无限的空间含义。

在设计的过程中，这种打孔的形状应根据设计的主题出发，由于形式的不同意味使各种各样的“窗口”形式在视觉中会形成不同的空间效果，并引发出不同的视觉知觉。

书籍设计中的这种工艺是具有空间层次的设计技法，在艺术的形式上温和了形态上的“重叠”之态，它的好处是可以通过使各种形式关系在一个更加统一的式样之内集中，而使这些关系得到控制和加强。

#### 5.2.1.1 点阵雕刻

点阵雕刻类似高清晰度的点阵打印。激光头按行左右移动，每行都形成由一系列点组成的一条线，激光光束再从上下移动到下行雕刻，以此累进，最后完成正版预设图文。点的直径可以不同，深浅也可以设置，这样雕刻出来的图文就是点阵排列表现明暗和粗细，从而达到设计师所需要的艺术效果。一般来说，直接把扫描的图文处理成矢量化图文就可以使用，整版预设图文，点的直径可以不同，深浅也可以设置，这样雕刻出来的图文就是点阵排列表现明暗和粗细，从而达到设计师所需要的艺术效果。

#### 5.2.1.2 矢量切割

矢量切割可以理解为模切加工。不同的是，矢量切割更加精确并可以在更多物料中广泛使用。与点阵雕刻也有所不同，矢量切割完成的动作是图形轮廓并且通常是穿透物体的一种切割。也有半穿透式的矢量切割，比如在皮革和纸张的表面也可以通过设定深浅制作精美的标饰或图形。

激光雕刻适合的物料非常广泛，常见的有纸张、皮革、木材、塑料、有机玻璃、金属板、玻璃、石材、水晶，等等。在纸张方面，激光雕刻可以镂空、半雕、定点雕刻、模切等，比如，传统印后加工的圆形、圆点或尖角模切在模切刀制作和实际操作过程都不能完美，而激光模切轻易就能达到理想效果。

图5-2-1 《梅事儿》书籍装帧设计

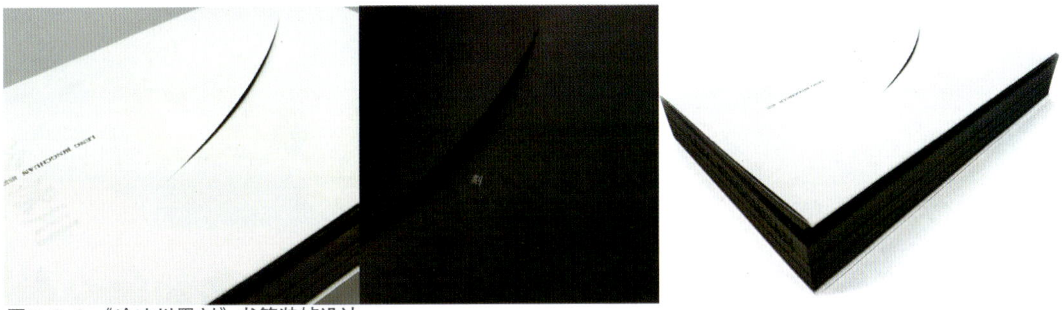

图5-2-2 《冷冰川墨刻》书籍装帧设计

图5-2-3 书籍装帧设计（一）

图5-2-4　书籍装帧设计（二）

图5-2-5　Look inside and smile书籍装帧设计

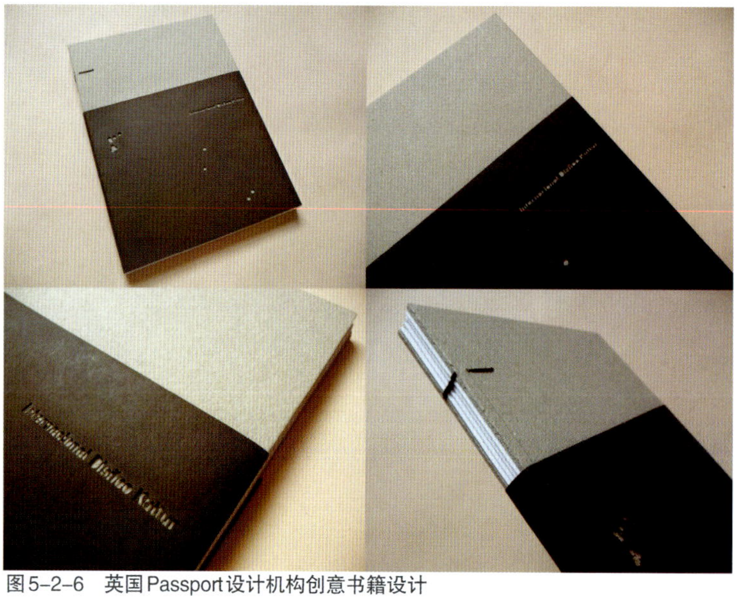

图5-2-6　英国Passport设计机构创意书籍设计

图5-2-7　书籍装帧设计（三）

图5-2-8　书籍装帧设计（四）

图5-2-9　书籍装帧设计（五）

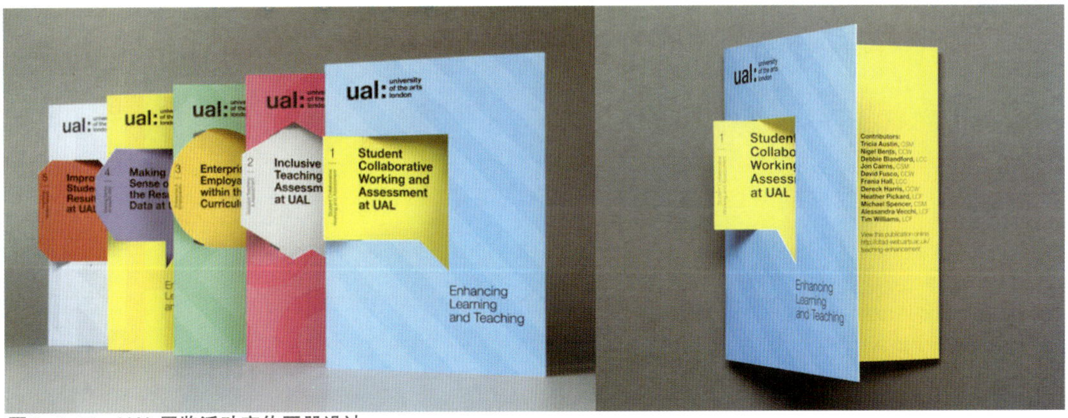


图5-2-10　UAL展览活动宣传画册设计

图5-2-11　relajaelcoco书籍设计

图5-2-12　书籍装帧设计（六）

图5-2-13　书籍装帧设计（七）

图5-2-14　Zoo in my hand书籍装帧设计

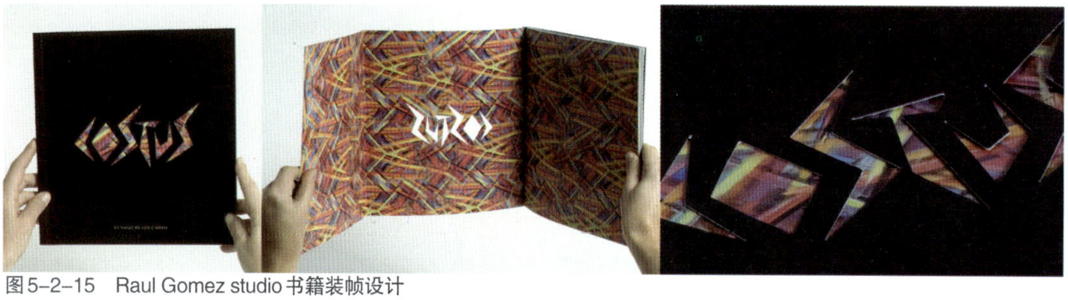


图5-2-15　Raul Gomez studio书籍装帧设计

图5-2-16　书籍装帧设计（八）

图5-2-17 《像山一样思考》书籍封面设计

图5-2-18　书籍装帧设计（九）

图5-2-19　国外创意猪肉食谱设计

图5-2-20　书籍装帧设计（十）

图5-2-21　一本介绍关于数字技术与设计图形的图书创意书籍装帧设计

## 5.2.2　特殊工艺效果

为了突出印刷品独特的创新设计效果，可以选择特殊工艺技术来实现，深入了解和灵活运用这些特殊工艺，是考验视觉设计深度和印刷水平广度的重要指标。特殊工艺是印刷品设计与工艺技术结合的精华展示，它起到画龙点睛的作用，也具有防伪功能。

从印刷材料选用和制作工艺角度来看，特殊工艺实际上涵盖了印刷品从设计到成品的各个层次，市场上常见的工艺技术主要有：金卡纸磨砂、银卡纸磨砂、彩葱粉、珠光效果、植绒工艺、全息防伪技术、热敏凸字、变色油墨以及多重工艺复合等。

特殊工艺效果优点：

①强化印刷品直观效果，使得书籍具有强烈的视觉冲击力。

②与其他书籍相比，从外观上就能遥遥领先。

③帮助设计师实现各种奇特效果，扩大了视觉设计思路。

④如果再借用纸张的艺术，对这种印刷品的复制几乎是不可能完成的任务。

⑤特殊工艺具有一定的防伪功能。

⑥特殊工艺是书籍产品附加值得以提高的最佳捷径。

### 5.2.2.1　金银卡纸（或激光卡纸）磨砂

业界对于这种印刷效果有不同命名或叫法：有的称之为“砂金”或“砂银”，也有的称之为“金砂”或“银砂”，都是指这种印刷工艺。称为“金卡磨砂”或“银卡磨砂”更准确些，因为该工艺就是利用丝网印刷技术，采用丝印磨砂油墨在金卡纸或银卡纸上实现的。

磨砂油墨具有类似金属蚀刻的效果，在高档印刷物中得到广泛运用，如精装书籍，由于采用丝网印刷和UV固化技术，磨砂油墨会在印刷品的表面形成小颗粒状，形成密布网点，磨砂油墨有粗、中、细三种颗粒等级，因此，印刷效果也有粗砂、中砂和细砂之分。

工艺特点：质感丰富、层次分明、视觉效果强烈，触摸时有砂质手感。

#### 5.2.2.2 彩葱

彩葱是把一种叫彩葱粉的添加剂与印刷油墨（通常是与UV油墨）结合使用，彩葱粉的颜色五彩缤纷，在印刷油墨未干燥时，在其表面通过铺彩葱粉，干燥后形成颗粒状的彩葱效果，主要用于印刷品内部颗粒具有特色图文的局部。适用于白卡、玻璃卡、镀铝膜、金银卡等。根据印刷品的需要，可选择不同的密度彩葱粉。与彩葱效果类似的工艺是珠光，其颗粒更晶莹和细腻。

工艺特点：具有类似于珍珠般的光泽，色彩柔和、质感细腻、高贵典雅。

#### 5.2.2.3 热敏凸字工艺

UV凸字水晶透明（七彩）光油简称UV凸字光油。它主要由具有高浓缩、高透明度、高膨胀性以及良好附着力的光固化不变色的UV光油演变而成。主要优点表现为干燥快、耐磨、环保、效果晶莹透明、不变黄、手感光滑。经过丝印工序后使得印刷部位比普通油墨墨层更厚，隆起更高，无论从视觉及手感方面都有强烈的立体效果，大面积印刷墨层厚度可达1 mm，干燥后，印刷部位展现类似立体水晶、雕刻或滴胶的效果。如果混合其他原料如七彩粉、幻片等，效果可像七彩宝石般美丽，可点缀于图案上。印刷品无需凹凸就有很明显的立体效果，热敏凸字油也有荧光、亚光以及多种颜色效果。

工艺特点：操作简单，费用低廉，性价比很高。

#### 5.2.2.4 植绒

植绒可以更形象地称为“种草皮”，不同的是，“草皮”换成纤维绒毛，而种植技术则是利用高压静电感应技术的原理。静电植绒就是使绒毛带上负电荷，把需要植绒的物体放在正极，绒毛受到异电位被植物体吸引而“植”于涂胶表面，干燥固化后形成涂层。由于被植物体表面涂有胶黏剂，绒毛就很容易垂直地粘在被植物体上。待胶黏剂干燥之后，就被牢固地固定在被植物体表面，形成了涂层。增加了厚度感和立体感，显得真实并增加了印刷品的华丽美感。

工艺特点：立体感强、手感柔和、颜色丰富、形象逼真。

### 5.2.3 覆膜

覆膜工艺是印刷之后的一种表面加工工艺，又被人们称为印后过塑、印后裱胶或印后贴膜，是指用覆膜机在印品的表面覆盖一层0.012 ~ 0.020 mm厚的透明塑料薄膜而形成一种纸塑合一的产品加工技术。一般来说，根据所用工艺可分为即涂膜、预涂膜两种，根据薄膜材料的不同分为亮光膜、亚光膜两种。

作为保护和装饰印刷品表面的一种工艺方式，覆膜在印后加工中占很大的份额，随便走进一个书店，你就会发现，大多数图书都采用这种方式。这是因为经过覆膜的印刷品，表面会更加平滑、光亮、耐污、耐水、耐磨，书刊封面的色彩更加鲜艳夺目、不易被损坏，印刷品的耐磨性、耐折性、抗拉性和耐湿性都得到了很大程度的加强，保护了各类印刷品的外观效果，提高了使用寿命。最值得一提的就是，覆膜可以很大程度地弥补印刷产品的质量缺陷，许多在印刷过程中出现的表现缺陷，经过覆膜以后（尤其是覆亚光膜后），都可以被遮盖。

图5-2-22　书籍装帧设计

图5-2-23　*Anthon B Nilsen*书籍设计

图5-2-24　*Hanzi Kanji Hanja*书籍设计

## 5.2.4 上光

上光是在印刷品表面涂（或喷、印）上一层无色透明涂料，干燥后起保护及增加印刷品光泽的作用。在印刷品表面涂（或喷、印）上一层无色透明的涂料，经流平、干燥、压光、固化后在印刷品表面形成一种薄而匀的透明光亮层，起到增强载体表面平滑度、保护印刷图文的精饰加工功能的工艺，被称为上光工艺。

上光不仅可以增强印刷品的表面光亮，保护印刷图文，还不影响纸张的回收再利用。因此，被广泛地应用于书籍、画册、招贴画等印品的表面加工。纸印刷品的上光加工工艺，包括涂料上光、UV上光、珠光颜。

上光已成为印后精加工的重要手段。在实现印前数字网络化、印刷多色高效化的技术创新中，印后加工只有运用高新技术达到精美自动化，才能完成印刷技术的整体革命。目前，由于紫外线上光技术本身独特的优势，在印后加工的发展中已经有了明显的优势，被广泛应用于书刊封面、画册等印刷品的表面整饰加工中。

上光工艺按上光油的干燥方式，可分为溶剂挥发型上光、UV上光（紫外线上光）和热固化上光等。

上光包括全面上光、局部上光、光泽型上光、亚光（消光）上光和特殊涂料上光等。

图5-2-25 *Boris Khalvadjian-Branding*企业笔记本封面

图5-2-26 书籍装帧设计

图5-2-27 书籍装帧设计

图5-2-28 *Illusions*魔术研究类出版物设计

## 5.2.5 模切

书籍设计除了装帧形式中所涉及各种技术以外，模切打孔工艺也是印后书籍表面整饰加工中的重要工序，模切工艺是影响书籍美观度的必要加工手段。当前的书籍印刷技术日新月异、不断发展，印后加工中的模切技术随着市场要求的提高也在不断提升并且设备也在不断地更新换代。起初书籍的模切技术是为了把书籍的勒口修饰平整，它是用固定的模切刀片按照开本规格尺寸，沿着书籍的基准线将书籍毛本的天头、地脚、书口的多余的毛边切掉，以达到书籍整齐划一的美观程度。而现在的模切工艺还不止是用在整饰书籍边缘这一方面，书籍设计中许多创意还要靠这种特殊工艺来实现。大多数的模切工艺都是依赖精准的激光雕刻来完成的。

## 5.2.6 烫金

烫金工艺俗称烫金，它是在一定的温度和压力下将电化铝或者其他的金属箔烫印到承印物表面。烫金的主要材料是电化铝，因此烫金也叫电化铝烫印。烫印是增加印刷品的附加值的最重要的途径之一，它使印刷品的表面呈现出强烈的金属光泽，色彩鲜艳夺目，永不褪色。近年来传统烫金技术也在不断进步，融入了很多新的技术元素，出现了定位烫金、立体烫金、冷烫金等新型的烫金技术。可以烫金的承印物非常丰富，有纸张、塑料、木制品、玻璃、金属等。虽然烫金常用在纸张上，但并不是所有的纸张烫金效果都理想，表面粗糙、纸质疏松的纸张，如书刊纸，由于电化铝层不能很好地附着在其表面上，特有的金属光泽就不能很好地体现出来，甚至会印不上去或者是金属箔极其容易脱落。因此，烫金的承印物应选用质地紧密、平滑度高的纸张，才能获得良好的烫印效果。

图5-2-29 《第七天》书籍装帧设计

图5-2-30 《又见风筝》书籍装帧设计

图5-2-31　书籍装帧设计（十三）

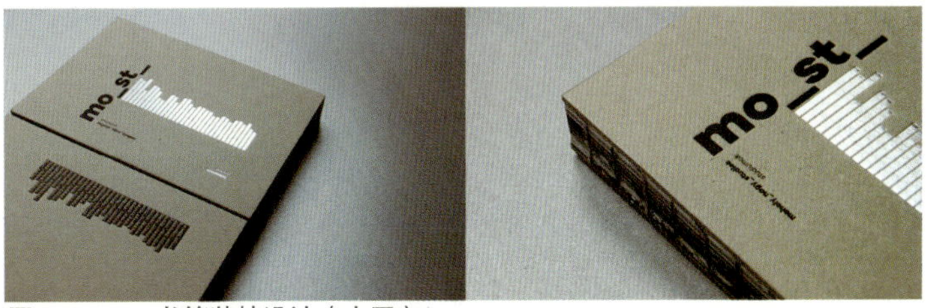


图5-2-32　书籍装帧设计（十四）

图5-2-33　书籍装帧设计（十五）

图5-2-34　书籍装帧设计（十六）

图5-2-35　《猴字12变》书籍设计

图5-2-36　书籍装帧设计（十七）

图5-2-37　Die neue 建筑介绍类出版物设计

## 5.2.7　凹凸压印

我国很早就有手工雕刻印版、手工凹凸压印的工艺，后来发展成为机械压印技术。近年来，随着出版印刷物越来越精致新颖、多样化，凹凸压印技术的研究与应用也越来越深入了。凹凸压印是使用阴阳模具，借助压印机在印刷品表面形成具有立体感图文艺术效果的一种特殊印刷品表面整饰加工的技术方法。采用凹凸压印方法形成的凸起或者凹下去的部分可以与文字图形完全结合重叠在一起，使图文具有层次感，也强化了读者的触觉，从而产生独特的艺术效果。

图5-2-38　Caladas de Cuba旅游记事书籍设计

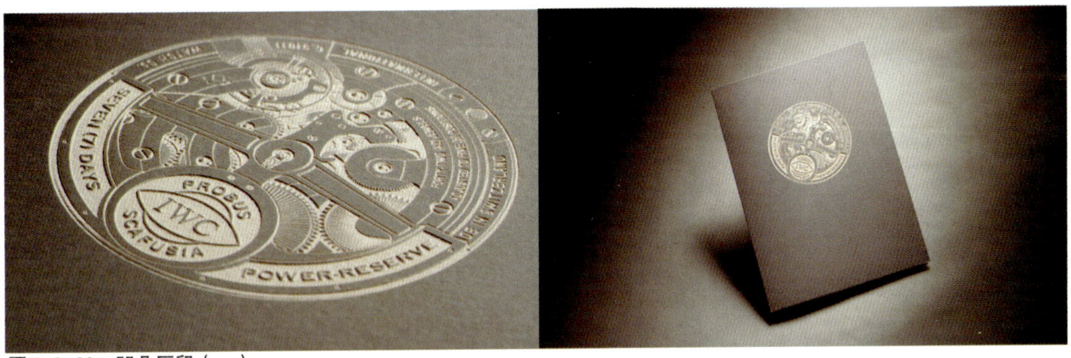


图5-2-39　凹凸压印（一）

图5-2-40　凹凸压印（二）

图5-2-41　凹凸压印（三）

图5-2-42　凹凸压印（四）

图5-2-43　凹凸压印（五）

## 5.2.8　立体印刷

立体印刷曾在20世纪90年代的欧美等国家流行，当时中国的市场还完全处于沉寂之中，但近些年立体印刷也开始出现在中国书籍设计中。它的原理就是模拟人两眼的间距，从不同角度将左、右像素记录在感光材料上。当我们看过去的时候，左眼看到左像素，右眼看到右像素，这样平面印刷的图像就呈现出了立体动画和奇异变图的独特视觉感受，打破了传统印刷品静态单一的效果，为印刷工艺增添了新的一笔。

### 5.2.9 发泡印刷

发泡印刷是一种采用发泡油墨的特种印刷技术。发泡的油墨经过印刷机印到承印物上，通过干燥以后进入烘道加热，油墨在受热后会发泡凸起，再冷却下来就凝固成浮凸的文字或图案。由于这样浮凸的文字图案具有耐磨、耐压性，并且触感柔软舒适。因此发泡印刷在书籍装帧、包装装潢、室内设计中的墙纸、天花板、地板上得到十分广泛的应用。

### 5.2.10 UV 印刷

UV（ultra vioce）是印刷领域的一项新型上光技术，是指在印好的印刷品表面覆盖一种特殊的透明材料。这种材料即油墨，又称紫外线固化油墨，是一种非色彩油墨，无色透明。它与普通油墨通过溶剂挥发的干燥方式不同，油墨在印刷过程中能在一定波长的紫外线照射下发生瞬间的化学反应，可在几秒钟从液态变为固态。透明的材料就在印刷品的表面形成光滑的膜，使之产生特殊的视觉效果。油墨在固化过程中还可以使用不同的加工工艺使光滑的表面产生磨砂、压花等多变的装饰效果，使平凡的油墨焕发出独特的光彩，也使读者的审美体验不仅可以从视觉上感知，更可以通过触觉进行体验。极大丰富了书籍的艺术表现力。

图5-2-44　Architorium 建筑学出版物设计

图5-2-45　UV 印刷

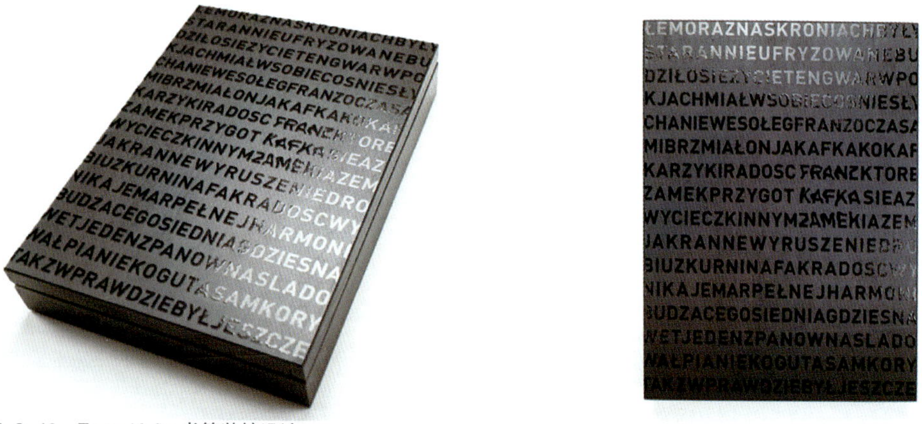

图5-2-46　Franz Kafka 书籍装帧设计

### 5.2.11 丝网印刷

丝网印刷是孔板印刷的主要方式，它的最大特点是不受承印材料的制约，可任意选择，也不受承印物的形状限制，在其他印刷方式无法印刷的曲面上也能印刷。所以在许多书籍印刷中应用的非常多，因为现在许多书籍使用的特种材料和特种纸，使得常用的油墨无法着色，丝网印刷就弥补了这个缺陷。

## 5.3 书籍设计的装订工艺

书籍常用的装订方法除了前面讲的卷轴装、线装、经折装等，还有骑马订装、无线胶装、锁线胶装、收藏级精装、特种装订、活页装、双线圈装等。

### 5.3.1 骑马订装

骑马订装是目前很多画册最常用、也是最普通的装订方法。装订时把书页一分为二，用书订沿中缝订装。用于页数不多或厚度少于5 mm的书籍、期刊、画册等。

图5-3-1 骑马钉

### 5.3.2 无线胶装

无线胶装是指在内页之间以及书脊用热熔胶黏接，再和封面封底书脊处套粘在一起的装订方法。主要用于印刷数量较大，内页纸张克重在157 g以下的书刊画册，适合流水线机械化作业。

### 5.3.3 锁线胶装

对于较厚的书籍，为增加书籍内页订装的牢固度，书帖之间无法只依靠胶粘固定，需要锁线加固。锁线就是在书脊面把内页用织线方法上下缝接锁紧，再用热熔胶粘接，使得书籍装订更加牢固。

图5-3-2 《守望三峡》锁线胶装

图5-3-3　锁线胶装（一）

图5-3-4　*A House for Learning* 书籍设计

图5-3-5　锁线胶装（二）

图5-3-6　CRISP杂志版式设计

图5-3-7　锁线胶装（三）

图5-3-8　Carcasse餐厅肉类食谱书籍装帧设计

图5-3-9　Franz Kafka书籍装帧设计

图5-3-10　Cocinando un tributo餐饮食谱书籍装帧设计

## 5.3.4　收藏级精装

有纪念意义、比较贵重又有珍藏价值的图书、绘画类图册、经典著作及高档画册、礼品画册等，大多使用收藏级精装方式。通俗来说，收藏级精装是指在内页版式设计、封面封底材料、工艺和装订方法上都非常讲究的装订方式。与普通精装不同的是，收藏级精装有外包装，而且对包装要求更时尚、精致和具有一定分量。内外设计和工艺技术的使用，使收藏级精装呈现出令人肃然起敬的感觉。

## 5.3.5　特种装订

书籍设计与装订方法并非要遵循固定模式，平面设计师根据印刷作品的内容进行了诸多具有新颖风格和鲜明特色的创意和开拓，如今出版发行的书籍品种繁多，书籍装帧形式也随之不断推陈出新，不胜枚举。形式上有左右装、反装、折页装等，材料使用上也不断翻新，艺术纸张、木制材料、金属型材、PVC塑料等。只有想不到，还真没有做不到的！

图5–3–11　The Chicala Observatory文化档案类创意书籍设计

图5-3-12　书籍设计欣赏（一）

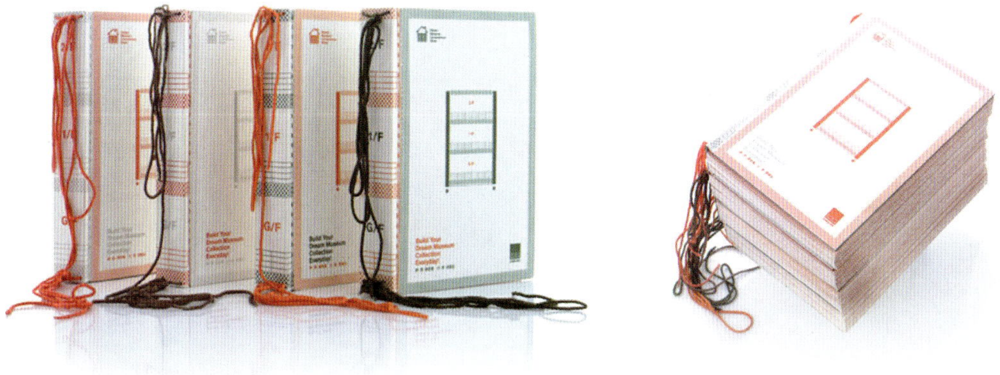

图5-3-13　书籍设计欣赏（二）

图5-3-14　书籍设计欣赏（三）

## 5.3.6 活页装

活页装是最简单的装订形式。每张页面都可以很舒服地得到翻阅。与线圈装不同的是，活页装冲孔数量一般为3或4个孔。活页夹的材料有不锈钢和塑料两种可供选择，装订后可以任意增加或减少页面数量。需要注意的是，由于不锈钢材料活页夹多数比较厚重，封面封底需要厚实材料才能使活页夹得以牢固支撑。对于专门的技术训练手册以及产品目录，活页装订是一个不错的选择。

另一种活页是由单个或多个螺丝钉与螺母配套制作的。单个版本比如市场上看到的特种纸张样纸合订本、特种材料样品目录等很多采用这种形式。但只能单页单面呈扇形翻阅，螺丝容易因松动造成部分脱落现象。

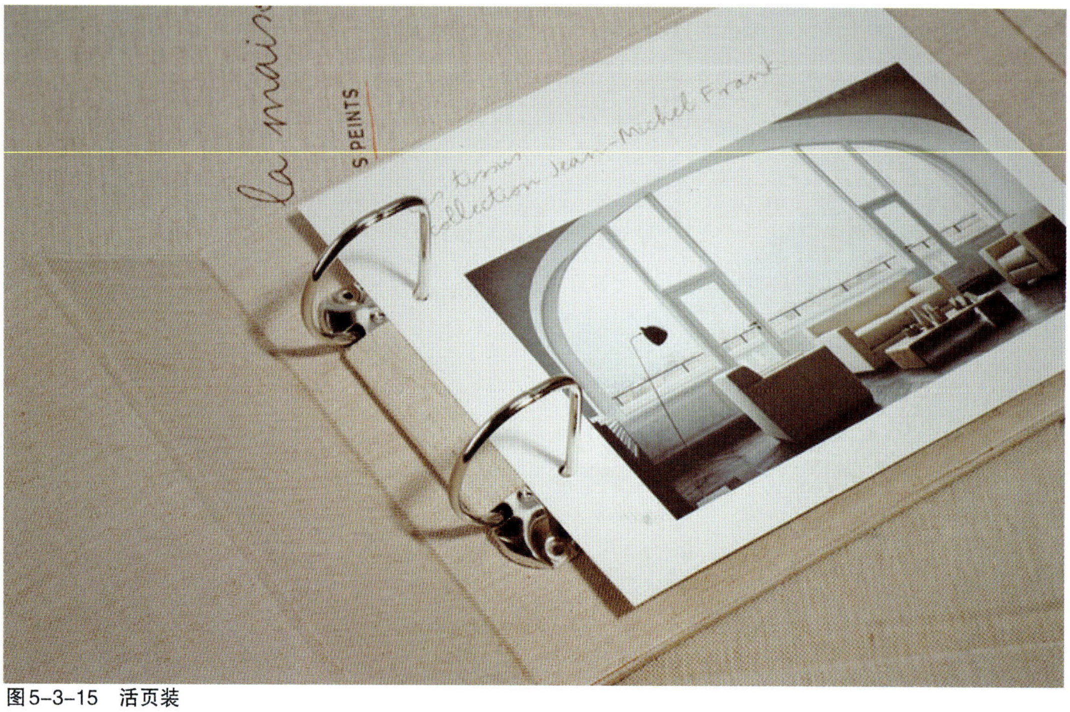

图5-3-15　活页装

PART 6

# 第6章

## 书籍设计的文化底蕴——“中国最美的书”

# 6.1 “中国最美的书”设计美学特征

“中国最美的书”评选活动，从 2003 年起至今已经成功举办了十四届，被称作书籍界的“选美”大赛。这项比赛不仅向广大书籍设计爱好者传达了最新的业界信息及最新的设计理念，还从整体上提升了中国书籍设计界的整体水平。“中国最美的书”评选活动每年会收到300余件设计作品，评审专家会从这些参赛作品中挑选出20多件颁发“中国最美的书”荣誉称号。参赛设计师及出版者要想让自己的作品在这场“选美”比赛中脱颖而出，仅仅对书进行简单的外表包装是不行的。这就要求设计师在进行设计时更加用心，从整体上对书进行编排，使得设计出来的作品从内容到外表都能带给人“美”的感受。

## 6.1.1 意境美

### 6.1.1.1 中国传统美学中的“意境美”

“意境”是中国古典美学中一个引人注目的范畴，其作为一个美学范畴，大约形成于唐代，刘禹锡说“境生于象外”(《董氏武陵集记》)，这可以看作对于“意境”这个范畴最简明的规定，“境”是对于在时间和空间上有限的“象”的突破，“境”当然也是“象”，但它是在时间和空间上都趋向于无限的“象”,也就是中国古代艺术家常说的“象外之象”“景外之景”。“境”是“象”和“象外”虚空的统一。

从审美活动的角度看，所谓“意境”，就是超越具体的、有限的物象、事件、场景，进入无限的时间和空间，即所谓“胸罗宇宙，思接千古”，从而对整个人生、历史、宇宙获得一种哲理性的感受和领悟。一方面超越有限的“象”(“取之象外”“象外之象”)，另一方面“意”也就从对于某个具体事物、场景的感受上升为对于整个人生的感受，这种带有哲理性的人生感、历史感、宇宙感的意蕴，就是“意境”的特殊规定性，因此，我们可以说，“意境”是“意象”中最富有形而上意味的一种类型。如中国古代山水画家喜欢画“远”，之所以钟爱画“远”，是因为山水本来是有形体的东西，而“远”突破山水有限的形体，使人的目光伸展到远处，从有限的时间空间进到无限的时间空间，进到所谓“象外之象”“景外之景”，所以“远”也就是中国山水画的意境。

### 6.1.1.2 “中国最美的书”设计中的“意境美”

从历届“中国最美的书”获奖作品可以看出，虽然每件作品的设计风格不尽相同，但是这些书籍设计都能带给人一种意境美的感受，意境美具体表现在以下两个方面。

（1）简约美

对于书籍设计，一直存在两种说法：一种认为要尽可能使用多种设计元素融入书中，使图书看起来丰富多彩；另一种认为设计应该尽可能地简单，用最少的元素来表达精华的内容。其实，以上两种说法无所谓对与错，具体如何设计应该根据图书的具体内容来定夺。从历届“最美的书”获奖作品中可以看出，设计师大都倾向于第二种说法，即把一些可有可无的元素减掉，用精练的设计语言和表现手段来传达书籍本身的含义和意境，形成简约的意境美。而很少会采用第一种，因为过多地给图书添加设计元素会使作品显得烦琐，叫人难以理会作者所传达的意思。这种简约美主要体现在两方面：

一是图书封面的图形设计，设计师在进行封面设计时要根据具体内容去选择合适的设计风格，不仅可以极大丰富版面的层次关系，更能给予读者良好的阅读感受。一般来说，封面设计中的主题图形，重在“尽意”，即浓缩主题而“以象生意”，主题图形的运用，是对图形理性的选择、提炼、编辑加工及研究探索的过程，能直接体现书籍的主题。如2015年度“中国最美的书”获奖作品《订单——方圆故事》（如图6-1-1至图6-1-3），其封面采用包装纸，设计极其简洁，全书封面只有一张白色订单，书籍信息全部印于小小的订单之上，封面简约极致。

图6-1-1 《订单——方圆故事》书籍设计（一）

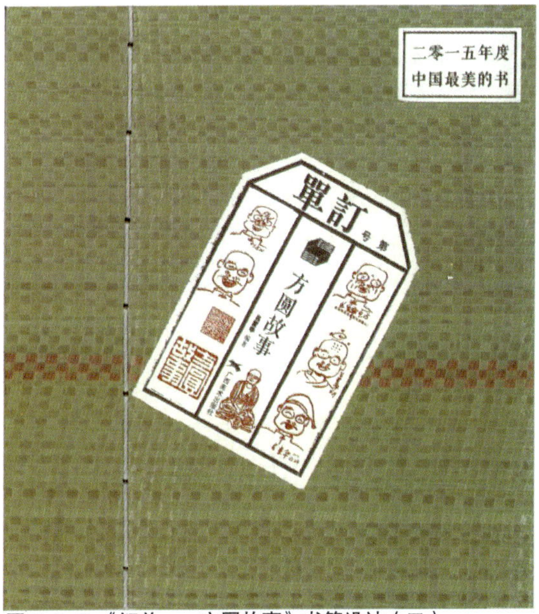

图6-1-2 《订单——方圆故事》书籍设计（二）

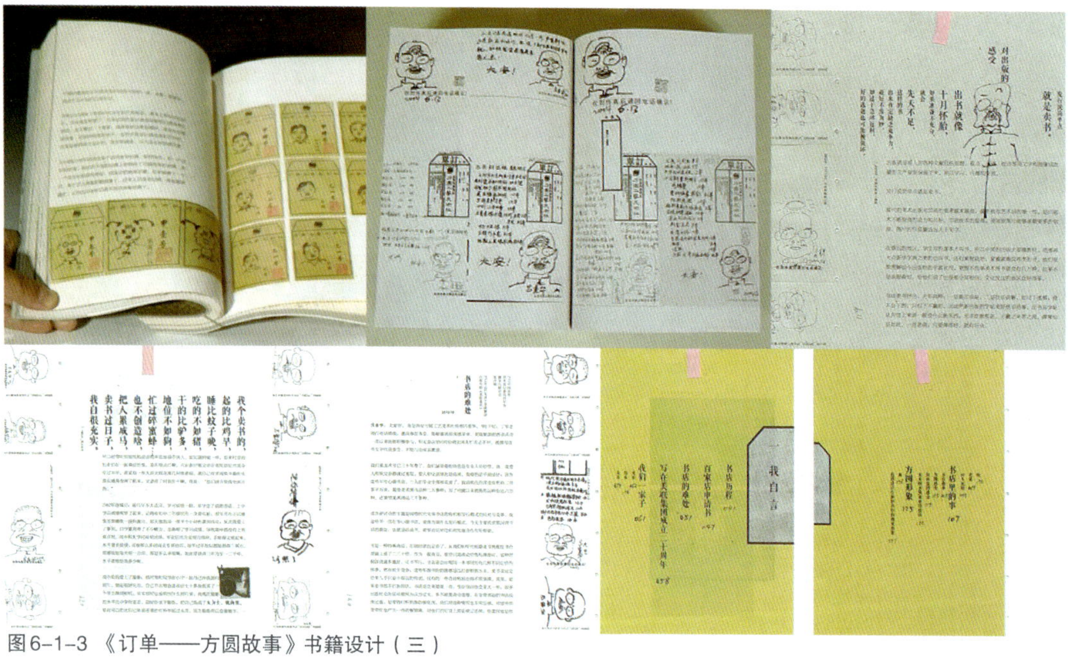

图6-1-3 《订单——方圆故事》书籍设计（三）

除《订单——方圆故事》一书的封面体现着简约的意境美之外，在“最美的书”获奖作品中还有许多设计极简的作品，如《学而不厌》《不裁》《诗经》《剪纸的故事》《土地》等。

（2）虚与实

在美学领域中，美感往往产生于空灵的幻境，产生于人与物象之间的距离。云雾中隐约的山水、风雨中迷离的大地、落日后的万家灯火、月光下的幽静村庄，都给人以无限遐想的空间。恰如王国维在《人间词话》中提出：诗有“隔”的美。人们从这迷蒙的景色中认定，是人与物的距离化、间隔化酿造的朦胧，创造了美的境界。艺术家似乎从这迷蒙的美景中领略到了什么，认定朦胧对美有特殊的意义。同大多数艺术家一样，书籍设计师也喜欢将虚与实的艺术表现手法运用到作品的设计当中，以展现图书的艺术魅力。在实际设计工作中，设计师喜欢运用以虚带实，以无纳有，以意驭物等手法来对各设计元素进行组合，以产生距离化、间隔化的效果。比如，在进行图书封面设计时，把现实的图形、图像等要素，经过艺术处理使之抽象地表达出来。具体来说，设计师把原本很清晰的图片经过虚化处理放于书籍封面上，展现出一种朦胧、虚幻的意境，这样形成虚与实的强烈对比往往带给人一种神秘感，也能引起人的无限遐想。

现如今，“虚与实”的表现手法经常会用于图书设计之中，如2008年“中国最美的书”获奖作品《中国记忆》，此书的设计师将中国传统美学领域中“虚与实”的表现手法恰到好处地融入设计之中，图书函套的设计表现出浓郁的中国传统元素，图书的封面采用虚幻的水墨画为背景，这样一虚一实给人以强烈的视觉冲击感和层次感。

图6-1-4 《中国记忆》书籍设计（一）

图6-1-5 《中国记忆》书籍设计（二）

图6-1-6 《中国记忆》书籍设计（三）

## 6.1.2 “留白”之美

### 6.1.2.1 “中国最美的书”——“留白”之美的表现

在历年“中国最美的书”获奖作品中，设计师们都懂得通过黑与白的合理编排来衬托书籍之美。“留白”之美主要体现在封面设计和版式设计两个方面。

（1）封面设计“留白”

参加“中国最美的书”评选比赛的书籍设计师在进行封面设计时非常注重“留白”与文字、图像的布局。前面提到过封面设计的重要作用，封面代表的是一本书的脸，代表着整本书的形象，好的封面设计应该在符合内容的前提下，能给人一种视觉冲击力，并在第一时间吸引读者眼球。要想把封面设计成具有视觉冲击力的效果，单靠文字与图像的堆砌是不够的，这样会使封面看起来杂乱无序，注入“留白”的设计则会使整个封面秩序井然，增加封面的形式美感。如2011年“中国最美的书”获奖作品《剪纸的故事》(如图6-1-7至图6-1-8)，其封面设计运用大片空白，空白之中插入了红色的剪纸，与书名交相呼应。红白的强烈对比使各元素看起来有条不紊、层次分明。

图6-1-7 《剪纸的故事》书籍设计（一）

图6-1-8 《剪纸的故事》书籍设计（二）

（2）版式设计“留白”

谈及书籍设计的“留白”，不得不提鲁迅先生。鲁迅先生曾经就“图书设计应不应该留一些空白？”这一问题专门在其著的《华盖集——忽然想到》中谈论过自己对“空白”的看法，他指出：“较好的中国书和西洋书，每本前后总有一两张空白的副页，上下的天地头也很宽。而近来中国的排印的新书则大抵没有副页，天地头又很短，想要写上一点意见或别的什么，也无地可容，翻开书来，满本是密密层层的黑字；加以油臭扑鼻，使人发生一种压迫和窘促之感，不但少了‘读书之乐’，且觉得仿佛人生已没有‘余裕’，‘不留余地’了。”从鲁迅先生的话中可以看出他对版式设计中留白的运用极为重视，留白可以给读者带来读书的乐趣，并且从书籍设计留白升华到对人生思考的高度。

设计师在进行版式设计时，应该把握好空白与篇、章、节、天头、地脚的分布比例，要充分思量，使设计出的作品能带给人“读书之乐”。但是，空白也不可滥用。有的设计师在设计版式时，一味地追求大篇幅的留白，过于加大行距、字距，最后设计出来的书没有什么内容，给读者的阅读造成了困难。这种过度留白会阻碍读者在阅读过程中视线的正常流动，最终打断图书内容的连续性。因此，设计师应该把握好这个“度”，让留白为图书整体内容服务。

历年“中国最美的书”获奖作品中，留白的运用往往能给图书增彩不少。如《匠心随笔——牛腿》（如图6–1–9）一书，图与笔记完美结合，内文版式设计留有大量空白，以便读者随时写下心得，整体设计简约却与主题完美呼应。又如《曹雪芹风筝艺术》（如图6–1–10至图6–1–12）一书，由赵健工作室设计完成，荣获2005年“中国最美的书”。设计师在进行内文版式设计时运用大量留白空间，留白与精练的文字组合，展现出水墨意象独有的意境美感。版面设计严谨、简约，图形、文字、留白的分布极其合理，给读者在阅读过程中留下无限遐想空间。

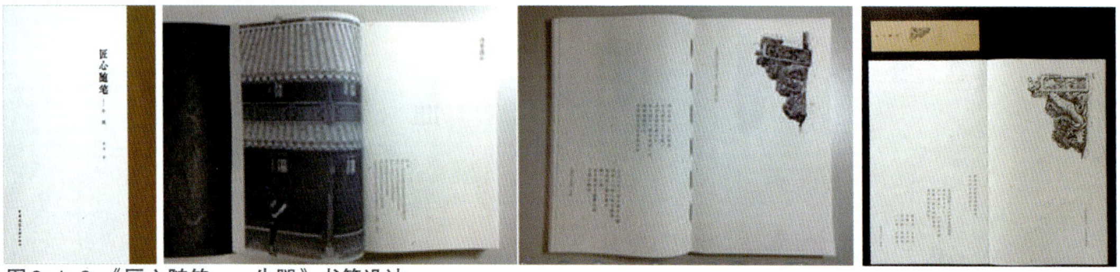

图6–1–9 《匠心随笔——牛腿》书籍设计

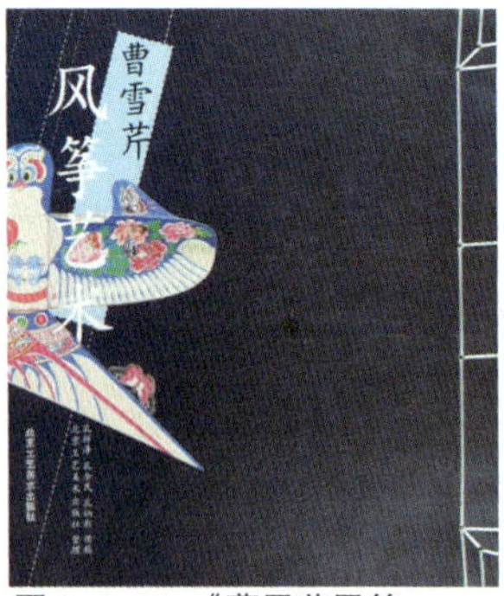


图6–1–10 《曹雪芹风筝艺术》书籍设计（一）

图6–1–11 《曹雪芹风筝艺术》书籍设计（二）

图6–1–12 《曹雪芹风筝艺术》书籍设计（三）

## 6.1.3 统一与和谐美

### 6.1.3.1 设计美学中的“统一和谐美”

设计美学属于应用美学，是研究设计领域中美学规律的学问。其主要研究对象有四方面：①设计美学的基本原理。主要包括设计美学的性质、设计美学的特点与本质、设计美学的构成要素、设计的形式美法则等；②设计形态美的研究；③设计美学思想的梳理；④设计学中的其他美学课题。“统一和谐美”就属于设计美学基本原理中设计的形式美法则。

所谓统一，指的是形式要素存在的某些联系、呼应、衬托，能够浑然一体的关系。世界由多种因素组成，在我们身边，不少物体存在形状上的大小、方圆、曲直，质地上的刚柔、粗细、轻重，态势上的动静、急缓、抑扬等的差别。但是他们却相互依存，构成统一的整体。

和谐指的是客观事物本身具有形、质等多种差异性，如大小、方圆、高低、长短、粗细、轻重，以及色的深浅、冷暖、明暗等。这些对立因素统一在具体事物上，就形成了和谐。

### 6.1.3.2 “中国最美的书”“统一和谐美”的表现形式

以上的“统一和谐美”是从大的设计美学领域来谈的，书籍设计中的“统一和谐美”集中体现在设计所呈现出来的整体性特点。具体说来就是构成书籍的文字、封面、图像、色彩、材料与工艺等要素均被合理分配并在同一整体框架下呈现出来。在“中国最美的书”评选活动中，作品是否具有统一和谐美也是该比赛的一项重要的评选标准。要使设计出的作品达到这一标准，作品应该具备：①从主体思想上来说，设计要与书的主旨内容相符合，设计师进行设计时不能撇开内容随意创作，设计时刻为内容服务。②从设计形式上来说，文字、图形、色彩等设计元素在图书的封面、内页、封底等版面中的分布必须相互关联。统观“中国最美的书”获奖作品，统一和谐美在书中体现得淋漓尽致。

如《学而不厌》(如图6–1–13至图6–1–24)一书，全书以作者求学40年的成长经历为线索，共有文章40篇，在每篇文章里都有一幅与之相对应的书画作品，图画与文字内容紧密关联。设计师基于书籍设计整体性理念展开设计，图书外面的护封用毛毡材料包裹而成，内文文字的编排方式采用古书的竖版格式，内文加入中国传统书法元素与护封上的篆刻书名相衔接。在色彩的使用上，由首页白色到中间页黑白并用再到末页的白色，通过色彩的变换向读者传递出学而不厌、学无止境的学习态度。

图6–1–13 《学而不厌》书籍装帧设计（一）

图6–1–14 《学而不厌》书籍装帧设计（二）

图6–1–15 《学而不厌》书籍装帧设计（三）

图6-1-16 《学而不厌》书籍装帧设计（四）

图6-1-17 《学而不厌》书籍装帧设计（五）

图6-1-18 《学而不厌》书籍装帧设计（六）

图6-1-19 《学而不厌》书籍装帧设计（七）

图6-1-20 《学而不厌》书籍装帧设计（八）

图6-1-21 《学而不厌》书籍装帧设计（九）

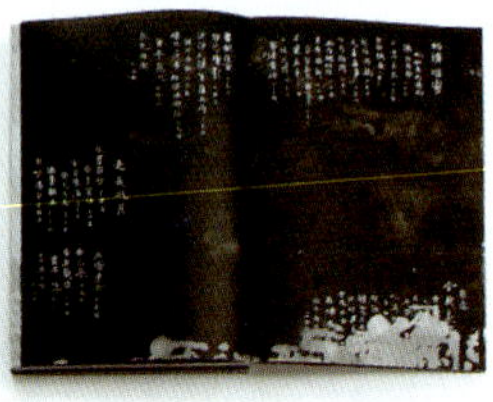
图6-1-22 《学而不厌》书籍装帧设计（十）

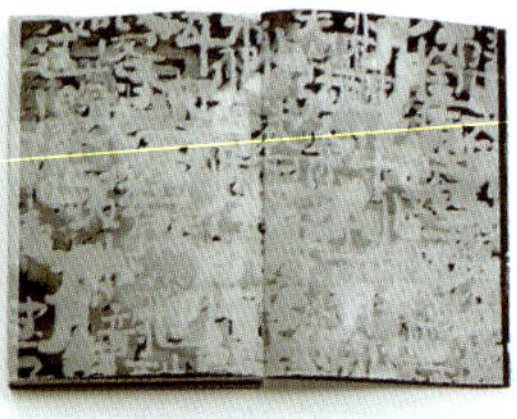
图6-1-23 《学而不厌》书籍装帧设计（十一）

图6-1-24 《学而不厌》书籍装帧设计（十二）

又如《订单——方圆故事》一书（如图6-1-1），全书封面采用塑料纤维为包装材料，并在上边附上订单样式的书名，内文以书店收存了多年的订单及与出版社的往来信件为切入点，记录了一家子承父业的民营书店——方圆工艺美术社30多年的发展历程。设计新颖之处在于作者将肖像插于图书前言与目录之间，呈动态的连环画形状。不管是连环画肖像还是一张张订单，都记录了书店的发展历程。

以上列举的这两部获奖图书的共同特点是设计师在进行设计时都比较注重图书的整体设计，两本书的内文、图片、包装及特殊印制工艺都呈现给人一种统一和谐之美。

## 6.2 “世界最美的书”获奖作品书籍设计分析

“世界最美的书”的影响不仅仅是让世界各国的书籍设计的美学标准变得统一，而且也间接地融合了民族间的艺术文化，在各参评国，每年向德国的莱比锡报送本土“最美的书”，最后送往德国参加“世界最美的书”评选活动，评选的书目通过三轮投票后，最后选出世界最优秀的书籍作品，这一比赛项目证实了德国在国际图书出版界的地位，而且通过大赛的举办，也为图书设计界与出版界搭建了一个平台，即专业图书设计与图书研究的平台。

### 6.2.1 精美致极，古雅大方——2004 年金奖《梅兰芳（藏）戏曲史料图画集》

在中国书籍的装帧方式中，线装最具典雅，也最具中国民族风格，而中国获奖的“世界最美的书”中，之所以说《梅兰芳（藏）戏曲史料图画集》有“古雅”之风，是因为首先它采用了线装的方式，而且排版方式自右向左，在阅读时，读者可以深刻体会设计者的创作意图，在纸张的选材、整体的重量、色彩、书函以及装帧风格等各个构成要素都设计地细致入微。在2004年评选的作品中，这本书是唯一获得“世界最美的书”金奖的作品，而且在乌塔•施奈德眼中被称为“完美”的书籍作品，之所以这么说，是因为在这本书上，所有书籍装帧的方式都得到了体现。

《梅兰芳（藏）戏曲史料图画集》由中国梅兰芳纪念馆的刘占文先生主编，河北教育出版社出版发行，此书选材是一套套珍贵的图谱，而图谱艺术在中国历经沧桑，能够把它搜罗与收藏起来实属不易，而且在现代的印刷、制作等方面神追原貌，凸显中华民族特有的文化内涵。

这本书集中了很多戏曲的脸谱、戏曲的图画、戏曲人物，等等，在历史年代上主要由明代遗留下来的珍贵脸谱，也有清代延传下来的绝世精品，还有民国初年的经典之作，而这些作品有相当珍贵的收藏价值，并且这些作品都可以算作写实作品，它们先于摄影技术和照相技术的出现，深刻而又逼真地记载了这些戏曲艺术，从某些特殊角度深刻地反映了我国戏曲脸谱艺术在中国不同历史时期的表现形式，比如在刺绣、纺织、彩绘、首饰等方面的展现，同时也反映出了我国民间工艺的发展水平及民间生活中追求的艺术品位。

《梅兰芳（藏）戏曲史料图画集》蕴含着中国戏曲中所特有的文化内涵，如：“始于离者，终于和”，“戏曲者，谓以歌舞演故事也”，“离形而取意，得意而忘形”，“舞台小天地，天地大舞台”等内涵，作为中国特有的艺术形式，戏曲有着相当丰富的文化内涵，戏曲艺术不仅融会了中华民族5000年的文化习俗，融会了经典而优秀的文化精髓，而且清晰明了地记载了中华民族各种各样的艺术生活面貌，延传着中华儿女的智慧，他们用自己的双手创造各种形式的工艺品，表现出了中华民族独特的艺术想象力。

《梅兰芳（藏）戏曲史料图画集》在封皮的工艺上主要采用烫金，字体采用凹版印刷，一个书函，包裹着两册书籍，是典型中国书籍的作品，其书籍的内容中浓缩着中国文化内涵。同时，现代技术的应用也为这本书增添了时代特色，处处体现着古雅之风，孙庆增在《藏书纪要》中对“古雅”与“精美”的问题曾经做过详尽的叙述，他说：“装订书籍不在华美饰观，而要护帙有道，款式古雅，厚薄得宜，精致端正，方为第一。”而这些中国古代书籍设计中的理论精髓，无不从这本书中得到体现。

图6-2-1 《梅兰芳（藏）戏曲史料图画集》书籍装帧设计（一）

图6-2-2 《梅兰芳（藏）戏曲史料图画集》书籍装帧设计（二）

### 6.2.2 心灵的沟通与意外的收获——2005 年荣誉奖《土地》与“朱叶青杂说系列”

2005年，在“世界最美的书”评选中，《土地》（如图6-2-3）和“朱叶青杂说系列”共同捧得了两项荣誉奖，《土地》由王序设计，英国大使馆文化教育处出品，湖南美术出版社出版。

《土地》其实就是一本集合各种元素的书，它包含网站留言、文章以及现场展览的留言，同时还包括展览现场的实景照片，这本书的设计，在书展等活动中，受到很多读者的欢迎，体现了众多读者对“土地”的不同感受，以及对生活各个方面的理解。《土地》一书忠实地为读者呈现了“泥土”如何在大师的手里被塑造成生灵活现的艺术品，使读者体会人生的重要意义，同时作为展览的见证，这本书的内容就是读者的内心感受，它收纳了观众的留言，每句话都精辟入理，人们在白纸上留下各种笔体，不同人物的手绘图画，在书中显得俏皮活泼，呈现出一种亲和力，这种特点恰到好处地提升了这本书的内容价值。

“土地”不仅是一本书，同时也是一个展览，也正因为展览的展出，才使得这本书得以成形，这就是《土地》的由来，而这一展览给大家呈现的就是“不管你在哪个角落，你都会感受土地的存在，感受土地做成的小泥人的目光”，而在展览展出时，直接面对观众的就是凝视观众的“泥土”，而且你会注意到，你的目光在发生变化的同时，也会发现它们神情的不断变化，让你从惊喜到惊异再到沉默，发生一系列心理变化，这时的你会将自己置身于小泥人之中，感受注视与被关注的视觉过程，而这种心理感受的变化，也正好符合了雕塑家安东尼的创作理念，他说：“当你站在它们跟前，注视它们时，其实反映的就是自己在和自己的对视，因为它就是你自己，它是你内心的写照。”

图6-2-3 《土地》书籍装帧设计

该书把质朴发挥到了极致，并且把简洁运用到了整体的设计风格之中，书籍的色彩运用了纯洁大方的白色，这种白色的基调，给人一种空间、一种遐想，而大面积留白的封面上一行“Asian Field”的红色字体，很自然的就会让读者联想到土地的亲切、温暖，同时告诉我们，不是只有通过古代的经典题材才能创造出好书，人们感情的真实的流露同样会让你为之震撼与思考，这本书的设计很大程度上是“无形”的，就是没有设计，这也正反映了设计师想追求的“本来无一物，何处惹尘埃”的境界。

2005年另一获奖作品是“朱叶青杂说系列”，这套书由中国友谊出版社出版，朱叶青著，何君设计。这套书会让你体会到设计思想的多种变化与融合，让读者体会到形式的不规律变化以及“昏晕哲学”。

“朱叶青杂说系列”散文集，包括 5 本书，分别是《昏晕哲学》《平淡映月》《抬头看天》《古董主义》《清汤白水》。整体书籍设计的风格主要本着简洁大方的原则。在装订手法上，采用外露书脊的形式特点，这种半包式装订，是书籍设计领域一种全新的制作手法，让人能够很明确地看到书脊的层叠关系，在表现形式上显得个性张扬。而在版式上，设计者更是大胆，让读者感觉无论阅读哪一本子集，都会感觉排版方式的变化，这就打破了大家常见的“系列丛书同一版式”的特点，很巧妙地把读者带到了新的“秩序世界”。其文字的排版有竖排的，有横排的，也有横竖混合排列的，比如在序页中，横排的标题，竖排的正文，就是让读者在阅读中出现间歇、停顿；让读者不会随着形式的单一产生疲劳感；让读者感受“无规律的变化”，而这种排版方式能够打破常规，这就是一种创新。除此之外，就是页码的排列顺序，与自右向左看的竖排正文的内容正好交错，而这样一来，使得读者在习惯了阅读竖式文字后，又会被这种顺序所打断，使读者产生阅读的休憩与思考，正是如此的设计方式，也更能体现出书籍设计者切合著作者的“昏晕哲学”，体现出“世界最美的书”的评选标准，即“内容与形式的统一”。

图6-2-4 “朱叶青杂说系列”书籍装帧设计（一）

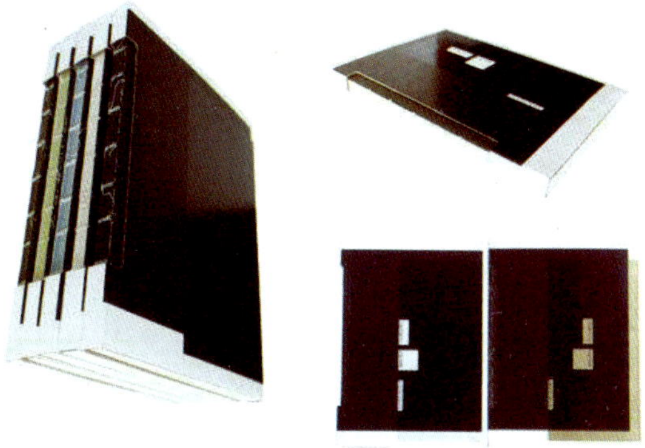

图6-2-5 “朱叶青杂说系列”书籍装帧设计（二）

图6-2-6 “朱叶青杂说系列”书籍装帧设计（三）

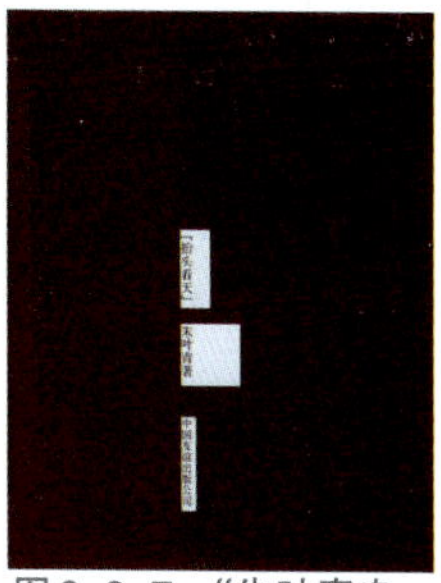

图6-2-7 “朱叶青杂说系列”书籍装帧设计（四）

图6-2-8 “朱叶青杂说系列”书籍装帧设计（五）

### 6.2.3 以天为纸，将云拟水——2006 年金奖《曹雪芹风筝艺术》

2006 年《曹雪芹风筝艺术》获得“世界最美的书”金奖，并且还是北京市出版工程古籍整理出版项目力推的书籍作品，书籍的封面主要运用楷体字，这种字体在中国书法的历史上是最易于识别的字体，也最能体现中华民族汉字的特点，其深蓝色的外表，凸显书籍的庄重古朴特征，而在书籍内页的选材上，采用了具有轻型特点的蒙肯纸，其手感细腻，而且在古黄色的色彩中透着质朴，在书籍的装订上采用具有中国特征的线装、包角形式，充分表达了中国传统民间文化中的朴素与简单之美。

曹雪芹在文学界是个巨匠级的人物，他在文学方面不仅睿智，而且对艺术也相当有研究，他对民间工艺美术有着很深的造诣，这一点在《红楼梦》中有着相当多的体现。其实很早就有对曹雪芹风筝艺术这方面的记录，主要是在1943年，孔祥泽先生曾经参加摹抄《南鹞北鸢考工志》一书，而这本书也最早记载了曹雪芹的风筝艺术，是孔祥泽老先生提供了原书的史料内容，其实早在1943年原书就已被日本人买走，至今下落不明。而此书的整理大部分是由孔祥泽老先生口述出来的，由黄道京执笔，最后经由赵健工作室设计而成的。

《曹雪芹风筝艺术》有着很深厚的文化内涵，而最令人称道的是书中的百余件风筝，由83岁的孔祥泽和孔令民、孔炳彰祖孙三代为该书特意制作的，所有作品都是他们一件一件亲手完成，再由摄影师拍摄记录下来。2005年11月，《曹雪芹风筝艺术》一书再次出版了，而且在获得了“中国最美的书”称号后被送往莱比锡参加了“世界最美的书”评选。《曹雪芹风筝艺术》一书凭借深刻的文化内涵以及独特的设计形式，征服了评委，同时也证明了中国书籍设计的水平。

说起这本书的设计语言，我们不得不谈及风筝的制作工艺、绘画风格、形象特点，而且还讲究风筝拿在手中和升在空中这一相互统一的艺术效果，例如：扎燕风筝，曹雪芹讲究“意匠”的艺术境界，而且讲究采用“迷笔”的表现手法，所以扎燕风筝中的燕子，在刻画上相当细腻，而且色彩上让人看起来真实、形象、生动，在形象特征上，拟人化的真实感受让人赏心悦目、回味无穷，也正是这些特征的综合展现，才使得风筝在飞上天空时，产生一种“以天为纸”，“将云拟水”的艺术效果，也正是书籍设计者抓住了这样的感受，所以选择用虚线来装饰的手法，这种方式犹如风筝平跃于纸上，真的像是要飞入天空，伴随风的方向寻找自己的一片天空。同时，在书籍的表达上，这一幅幅精美的图画在设计师的精心构思下呈现动态之感。这些特点，是书籍文化、艺术、学术、历史、设计等价值的综合体现，所以此书获得“世界最美的书”的金奖是有其必然性的。

这本书从曹氏风筝的由来，再到曹氏风筝的发现，最后到曹氏风筝的复制，无不贯穿着中国民间传统工艺的延续与传承，尤其是对曹雪芹风筝的制作工艺、分类特点、图谱等方面展开详细的叙述。所以设计者在书籍的策划以及整体观念的把握上，采用线装书的装帧方式，版式设计自左向右，凸显出了中国古典文化的气质，此书不仅在审美习惯上迎合了古代的经典，同时有现代书籍设计思想的内涵，选择这一富有中国人深厚感情的民间手工艺品的“风筝”作为题材，颇具民族情节，而当你翻阅书的内页时，书籍形态方面采用“包背装”，是一种复古的形式表现，整体古韵古香的氛围不仅迎合了对风筝有兴趣的读者，而且让读者真正体会到风筝所具有的艺术情节，让人爱不释手，它让读者体味到的是中国式的“情”和“意”,同时展现了现代书籍中的“潮”与“新”,是各种文化思想碰撞的产物。

设计师关于这本书的设想是，在书籍内页的表达上，要实现一种结构上的灵活，同时还要表达出“放飞的动感”；在形式上,《曹雪芹风筝艺术》的页码采用繁体中文，是完全中国式的特征；在表达方式上，采用现代设计的几何图形和风筝缩略图谱的方式，使得整个设计别具匠心、相得益彰。这种书籍理念的独特性、书籍设计表现方式的古朴、书籍设计的典雅，最后融合在中国传统民间手工艺品的风筝形态，再一次证明了本土文化的可贵，也验证了“民族的就是世界的”。

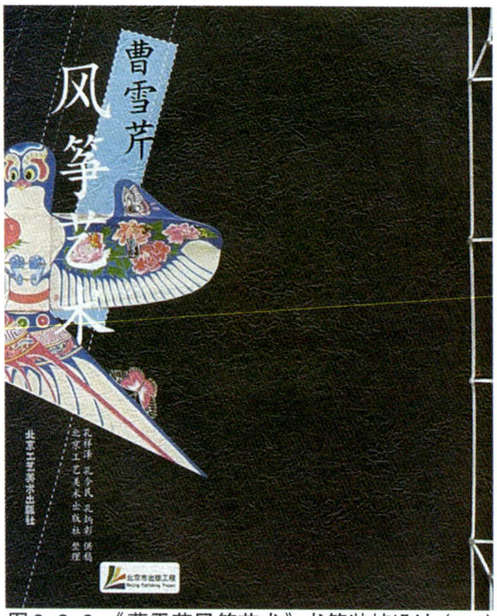


图6-2-9 《曹雪芹风筝艺术》书籍装帧设计（一）

图6-2-10 《曹雪芹风筝艺术》书籍装帧设计（二）

## 6.2.4 重返毛边书阅读——2007 年铜奖《不裁》

《不裁》（如图6-2-11至图6-2-13）可以说是书籍设计中互动性的一种体现，此书不仅是 2006 年度“中国最美的书”之一，由朱赢椿设计，同时也拿到了 2007 年度“世界最美的书”称号，并且在比赛中荣获了铜奖。著名学者陈子善教授说,《不裁》代表着我国图书设计水平的提升。

朱赢椿是《不裁》设计的操刀者，著名书籍设计师，现担任南京书衣坊工作室设计总监，中国版协书籍装帧艺术委员会会员，南京师范大学出版社装帧设计部主任，朱赢椿一直研究书籍设计及图书策划，而《不裁》一举拿下德国莱比锡“世界最美的书”大奖。

设计者在考虑此书的设计风格时，主要是鉴于作者文字的风和日丽，清新自然，而曾经想到过做加法，但设计者考虑到书籍的文字内容的特殊性与设计形式的统一性，放弃了过多的加法，同时为了避免传统手法常会出现老旧不堪，所以设计者从头思虑，本着作者古十九在文字表达方面有很强的画面感特点，以及作者低调为人的初衷，最后确定采用简单明了的设计方式，而舍掉了太多形式上的东西。并且在选材上，设计者选用朴素的纸张，加以简洁的版式，为了能够吸引读者，作者尽可能地把内容中不“新鲜”的文字，用“新鲜”的形式及形态语言呈现给读者，所以作者采用了内页中加作者手绘图的形式进行表达。《不裁》一书不同于纸质书籍的网络文本，它的阅读习惯、呈现形态、传播方式以及受众的读者群都是不同的，所以，设计者很明确地意识到，要借助于纸质媒介自身的优势来展现书籍的“精”与“新”，从而使这些不新的内容呈现新鲜感。

在书籍形式表达上，设计者曾经考虑过毛边纸，而且由于收藏方面，毛边纸的易磨损性，并且要求存放的条件较高等问题，促使作者停止了此种构思，但是这种形态却由于印刷设备的陈旧反而产生了，主要是在裁切时出现了一些不齐的感觉，这就又勾起了设计者当初的设想，设计者为了迎合当初的想法，特意在裁切时制造出毛边感觉，从而呈现出古书毛边纸质感，同时设计者为了进一步深化整体的这种感觉，在书的扉页上设计了一把纸刀，促成读者边看边裁的互动行为，这种互动关系是一种心灵上的寄托，而且为了能够完成这种寄托，就必须要动手去“裁”。《不裁》整本书以毛边本形态出现，采用胶装形式，体现的是现代与传统的融合，而在书的名字上，体现的是作者古十九低调的为人特点，既有“不才”之意，又体现一种自然天成的无修饰之感。书的封面采用牛皮纸，整体颜色朴素清新，工艺上，“不裁”二字下方缝纫两道红线，线条随意、自由，而且每本书的这两条线都是不重复的，体现出《不裁》自然洒脱、浑然天成的特点。

书的开本较大，内文版面留白较多，而且文字是独立的作品，这样的设计能给读者留下宽松的阅读遐想空间，这种设计其实就是一种“互动”的体现，是一种心灵的感触，这种感触最直接的表现就是让读者将自己的感受记录在内文的一旁，这也正好达到了本书的设计效果，让这种阅读产生一种短暂的期盼和间歇中的喜悦，而且在意味上多了些许闲淡。在书的图形方面，都是由作者古十九手绘而成，同时书中附有作者手绘的藏书票两张，可以说，散发着看似无意、却处处有心的人文气息，而书芯、环衬、封面等纸张上颜色和质地的混合装订，更加体现出变化与统一的相互关系，整本书从内容到形式，从材料到工艺，都表现出简洁、朴素、低调的特点，同时体现了设计师对读者的挑动欲和高超的设计洞察力，这真可谓“书里藏刀，不裁不快”啊！

在内涵方面，《不裁》表现出了“师法自然”的特点，在保留原生态牛皮纸的色彩及质感的同时，将诗集和人文气息串联在一起，并且开创性地让读者真正地去体味这种“裁”的妙义，让这种互动关系能够被大家深刻理解、领悟，共同感受“裁”的快意，《不裁》在整体设计体现出了“互动”的精妙，使读者切身体会从阅读“半成品”到阅读“成品”的感受，而这种“完整”不仅是书作为一种实物的完整，而且在读者读完此书之后也是一种心灵上的“完整”，这两种完整的结合才是书真正意义上“完整之美”的体现。

图6-2-11 《不裁》书籍装帧设计（一）

图6-2-12 《不裁》书籍装帧设计（二）

图6-2-13 《不裁》书籍装帧设计（三）

## 6.2.5 书似生灵，生命记忆——2008 制作奖《蚁呓》

《蚁呓》（如图6-2-14至图6-2-21）记载了蚂蚁的一生，由江苏文艺出版社出版，周宗伟提供文字，朱赢椿设计。在内容上，这本书使用中、英双语的文字。《蚁呓》讲述的是蚂蚁的生活，是拍摄者朱赢椿经过很长时间观察与记录的真实写照，他记录了蚂蚁的繁衍、觅食、结群、打架等生活行为，而设计者之所以记录他们的活动，更主要的是为了映射人类的生活状态。在对比了《不裁》与《蚁呓》之后，你都会感受到“原生态”，但是在表现形态上，却差别很大，一种是互动的趣味思考，一种是对生命记忆的真实写照。

《蚁呓》曾经获得“最美图书制作特别奖”，而这一奖项的标准主要从图书版式布局、装帧设计和手工制作等方面进行全面考量，可以反映出《蚁呓》这一作品在其版式上的“极简”风格。同时，由于设计者做出大胆尝试，所以《蚁呓》可以称作一本实验性的图书设计作品。《蚁呓》封面是全白色的，只有很少部分的黑色，而这些黑色正是蚂蚁的造型，不经意的拿在手中，会让人感觉到是在拿着一本纯白的笔记本。在书的封面上没有作者姓名、书名、出版社名等，只有12只小蚂蚁，这也正符合了作者想表达的极简的特点，这12只小蚂蚁在白色24开的书上游走，仿佛让读者看到是真的蚂蚁爬上来了，让大家感觉到生命在纸张上的记忆。

当你翻开这本书的内页，你会惊奇地发现，书中有着无数遐想的空间，而这些都与内文中的留白有直接关系，粗略估算，内页有80%的留白，文字主要出现在书页的最下方，而且这些字只有一两行，中英对照。除此之外，在书的任何一页都有蚂蚁的身影，这些身影，加之插图背景的衬托，带有“谢谢品味”的字样，这一切都简练隽永而富有哲理，这些都极好地点出了整本书文字内容的基调。

书籍在文字方面简练而富有哲理，插图生动活泼，色彩新颖别致。除此之外，这本书的最大特点就是读者的“参与性”，也许是为了表达作者的这种设计思想，从此书中我们才能体会到什么叫阅读乐趣中的主动参与，而且希望能通过读者的参与来达到设计者与读者的交流，尤其在书中大量留白的地方，让读者诉说自己的感受，这些感受如果再一次反映到设计者面前，那么这种沟通的目的也就达到了。最终这些想法，将会引发多种受众群体的思考，比如，设计者的思考、编辑者的思考、读者的思考，等等。这些人与动物的相似性思考，让我们能够正视自己的世界观、人生观、价值观。除上述观点之外，还有人评价《蚁呓》是高雅的美，它以动物角度切入，把蚂蚁与人的相似特点形象地表现出来，既是极少主义的体现，又是中国传统元素和当下现代主体的结合体。

朱赢椿的《蚁呓》的设计，体现的是一种极简的创作手法，它不同于说教式的思想品德书，也不同于一般的摄影图画书，而如何将《蚁呓》做到返璞归真，简单到极致，也许才是设计者所追求的最高境界。

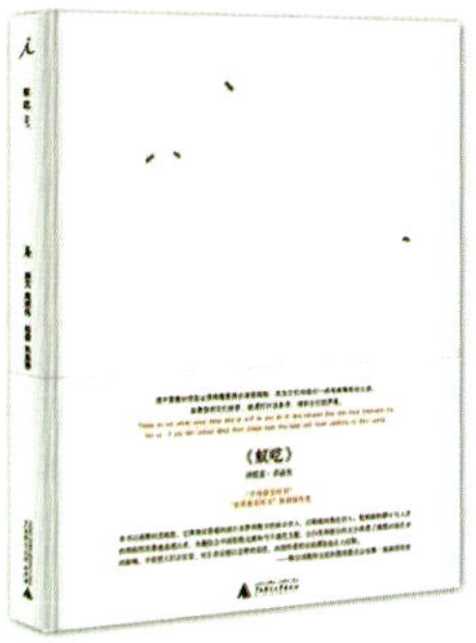
图6-2-14 《蚁呓》书籍装帧设计（一）

图6-2-15 《蚁呓》书籍装帧设计（二）

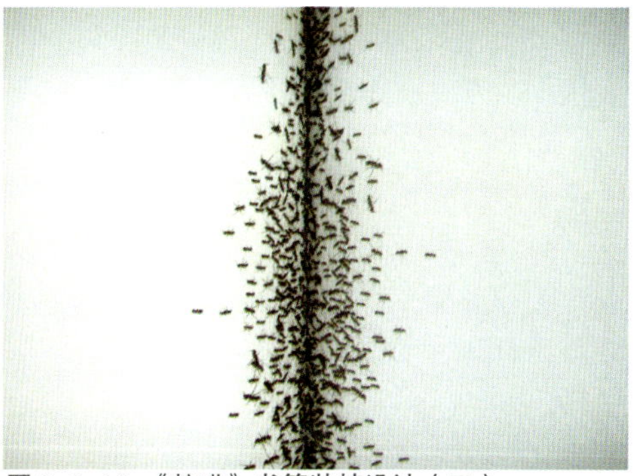
图6-2-16 《蚁呓》书籍装帧设计（三）

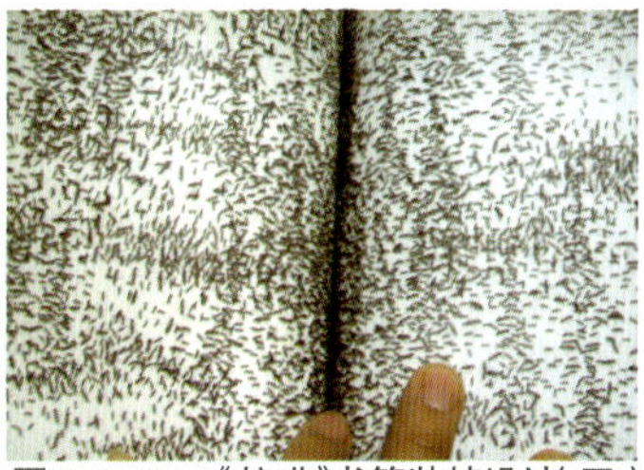
图6-2-17 《蚁呓》书籍装帧设计（四）

图6-2-18 《蚁呓》书籍装帧设计（五）

图6-2-19 《蚁呓》书籍装帧设计（六）

图6-2-20 《蚁呓》书籍装帧设计（七）

图6-2-21 《蚁呓》书籍装帧设计（八）

### 6.2.6 刚柔并济，古色古香——2009年获奖作品《中国记忆——五千年文明瑰宝》

《中国记忆——五千年文明瑰宝》（如图6-2-22至图6-2-27）获得2009年“世界最美的书”特别制作奖。此书不是正统的读物形式，而是一本大型的画册，不仅在设计形式上显得尤为精美，在内容上也是相当的精彩，同时在外包装形式及整体装帧上相当有创意，在工艺与印刷上也显示了相当高的水平，在众多比赛中，获得各种国内外的奖项。

由吕敬人设计的这本《中国记忆——五千年文明瑰宝》，运用的元素特征凸显了中国书籍设计的文化精神内涵。同时，此作品的书函，在形式上采用“盘扣”固定形式，是典型中国元素的表现，而且在设计者的思想中，这本书融入了八卦符号元素，这些卦符相对应天、地、水、火、山、泽、风、雷等，而且设计者将这些自然现象的表现形象化，从而为这本书设计的章节进行整体的构筑，使读者在博览了中国千年文化的同时，能够将此书由里到外进行理解，并且借助书中的元素由表及里地来理解整体的设计思想，从而更好地理解本书的内容。在视觉、触觉、听觉、嗅觉、味觉等方面上，读者能够体会本书设计者的“五感”设计思想。在书的整体效果上，无不体现着阴、阳的变换，是典型中国思想的流露。

《中国记忆——五千年文明瑰宝》在形态方面与其他书有所不同，而且为表达书的内涵，设计者采用了全包的设计形式，在图形元素上，也都是采用中国特有的元素特征，比如青铜器、兵马俑、彩陶，等等，让读者一眼便知中国五千年文化历史的沉淀，而这些都是在历史的风云变幻中留下来的珍贵遗产，是中国式的“记忆”。翻开此书，欣赏书中的每一页都是一种对历史的回味，这一幅幅精美绝伦的图片和韵味十足的汉字，吸引着读者的视线，并且带动读者在这一页页的空间中游荡穿行，从书的形态到内涵，从封面到内页，精美的工艺，高质量的选材以及中式的版式设计，所有这些特征的融合与贯穿，成功地表现出了中国艺术文化中虚与实的对立关系。同时，这种文化的展现，在带有中国图形、符号、汉字等元素上超越了历史的跨度，呈现给读者的是现代的书的特点、现代的设计风格，但是这本书却又显得雅致而稳重，书香古韵之风在这本书上彰显得淋漓尽致。

《中国记忆——五千年文明瑰宝》显示了很强的整体性特点，在设计师吕敬人本人看来，书籍的装帧决定书籍封面的风格，书籍的编排设计决定书籍内文的版式，而书籍的编辑设计则是整体观念的体现，这种整体的观念主要是指书籍文字内容的传递，它是书籍系统中视觉化的塑造，就如同设计师在导演一部电影，这部电影的导演就像是书籍的策划者，电影中的编剧就如同书籍设计中的编辑，电影中的演员就如同书籍设计中的图形、色彩、字体等各个元素，而这部电影中最重要的部分则是先要有一个剧本，这个剧本的作者就相当于书籍的编辑设计，他掌控着书籍内容的传递，而书籍中的各个元素均充当了舞台中的“演员”角色，这些书籍的设计语言贯穿始终，它们有时表现成点、线、面，有时呈现单一的秩序化，在书籍的书函、封面、书脊、封底、天头、地脚、内文、切口等部位发挥着各自的作用。从上述观点中，我们可以得出，书籍设计的各个部分其实都贯穿在“整体”的观念之中，这种观念的融合，已经证明了中国书籍设计水平的提升。

图6-2-22 《中国记忆——五千年文明瑰宝》书籍装帧设计（一）

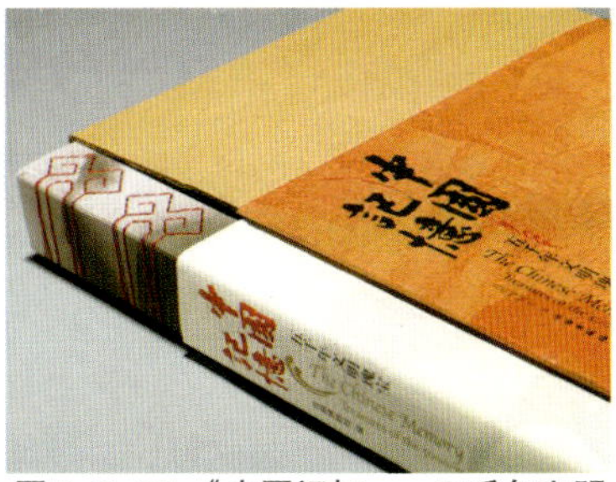

图6-2-23 《中国记忆——五千年文明瑰宝》书籍装帧设计（二）

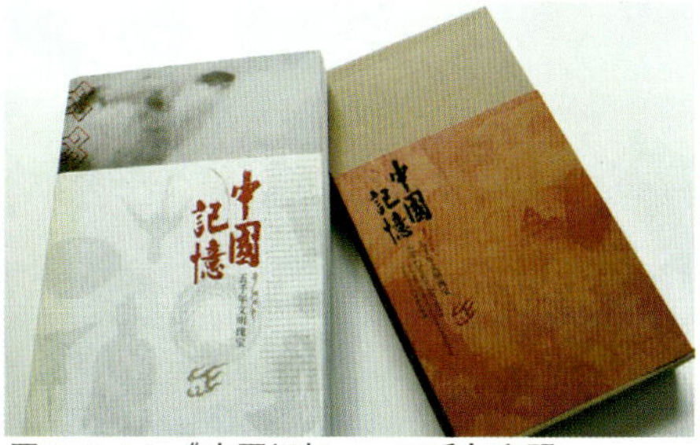

图6-2-24 《中国记忆——五千年文明瑰宝》书籍装帧设计（三）

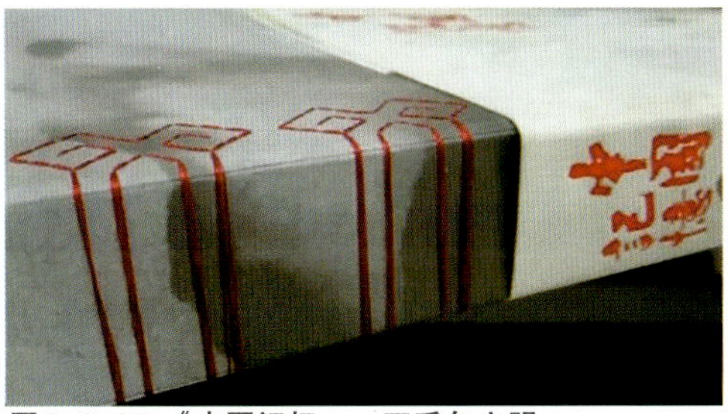

图6-2-25 《中国记忆——五千年文明瑰宝》书籍装帧设计（四）

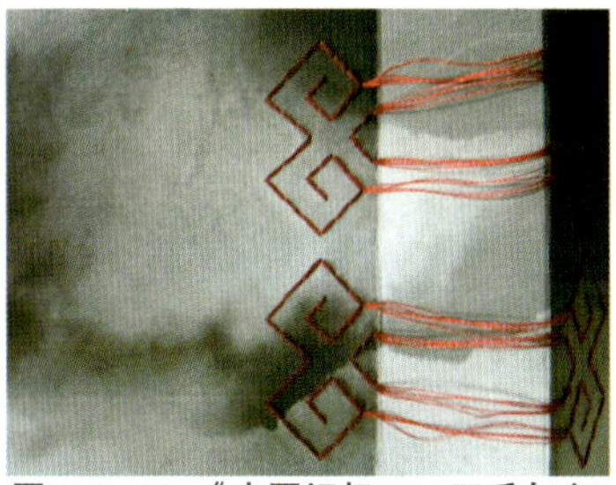

图6-2-26 《中国记忆——五千年文明瑰宝》书籍装帧设计（五）

图6-2-27 《中国记忆——五千年文明瑰宝》书籍装帧设计（六）

## 6.2.7 大美无言，朴素优雅——2010 年入选奖《诗经》

《诗经》（如图6-2-28、图6-2-29）是中国文学的主要源头之一，在中国的文化传播史上已经延续了2000多年，中国历代的读书人都非常尊崇它，尤其是诗人，它们参悟《诗经》中的精髓，将这些中国文学融入到了中华文明的血液之中。设计者刘晓翔则充分利用了这些内涵，将《诗经》一书设计得简洁大方是设计者的出发点，此书在形式方面表现出了质朴而又不失现代设计的创新，设计者能够运用古籍经典作为题材，本身就富有了中国的内涵，不仅传承中华民族的经典作品，而且在本土设计上推陈出新。

在设计上，《诗经》主要采用黑色作为主色调，因为在春秋、战国时期的战乱年代，它们还缺乏对传承的重视，而真正意义上的传承则是从秦代开始，人们的思想开始统一，并且开始意识到传承的重要性。秦代人比较崇尚黑色，所以作者选择了黑色作为本书的主色调，封面烫成白色，突出“诗经”二字，整体上显得简洁大气，庄重文雅。书的装订采用裸露书脊的形态，这种神似线装书的书脊形态，其实是中国传统书籍中朴素优雅的象征。同时，书的装订本身又有些新的变化，比如在工艺等方面，作品采用了“原生态”的装订方式，而且这种方式神似中国传统的线装书，作者在此基础上稍加改变，如在书的封面、封底、版权页、前后环衬页都单独作为一个整体用锁线的方式串联整个正文，这种做法就是为了使得封面、封底和内容能够完美地贴合，从而展现现代技艺的魅力。此书用现代的手法表现了中国传统文学经典巨著，可以说在诗歌书籍的创作方面做到了中式的古朴与西式形式的完美结合，体现了民族性的特点及国际的书籍设计潮流，尤其在装帧上体现了书的朴素、优雅，同时又不失简洁的“大美”。

《诗经》一书，最先看到的是环衬上出现的《秦风•无衣》片段，与之呼应的是后环衬的《周南•关雎》的全文，然后出现的是《论语》的“兴于诗，立于礼，成于乐”，而后环衬上出现的是《论语》的“诗三百,一言以蔽之”，前后呼应，相得益彰，也正是这些引文的出现，为《诗经》的展现做了很好的铺垫。同时，伴随帛画的出现，给大家带入“古雅”的世界，而且非常巧妙的是，将书的文字及背景印到纸的背面，透过这种带有肌理的透明纸张，呈现文本以外的视觉享受，同时在流畅阅读的同时，让读者体会“无言的大美”，这种美的形式不是元素的堆叠，而是伴随书的内涵展现的人们精神层面的美，这种美的建立，离不开书本身所蕴含的哲理，是朴素优雅的表现。

图6-2-28 《诗经》书籍装帧设计（一）

图6-2-29 《诗经》书籍装帧设计（二）

## 6.2.8 2014年“世界最美的书”《刘小东在和田·新疆新观察》和《2010—2012中国最美的书》

《刘小东在和田·新疆新观察》（如图6-2-30、图6-2-31）由策展人欧宁与侯瀚如主编，小马与橙子设计，中文内容10万字，一半英译，480页，使用了人造革、油画布及多种纸材、印刷和装订工艺，由中信出版社出版，该书以笔记形式全程记录了画家刘小东2012年在新疆的创作之旅。该书也曾获得“中国最美的书”称号，当时的评委会给这部书的评语是：本书以一种笔记本的形式记载油画家的创作经历，设计没有拘泥于正规的翻阅方式，随意，且富有现场感。精心选择不同的纸张和印刷手段，准确表现内容结构的丰富性。编辑设计概念明晰，使繁复的体例结构严谨、层次清晰，布局合理，尤其对每一个细节的处理都不轻易放弃，阅读不觉得累赘。全书有一种结构之美和阅读的舒适度。章隔页用油画布丝网印，独具匠心，封面用材及周边打毛，有着强烈的触感，体现出随意放在包中的笔记本不断使用的时间概念。

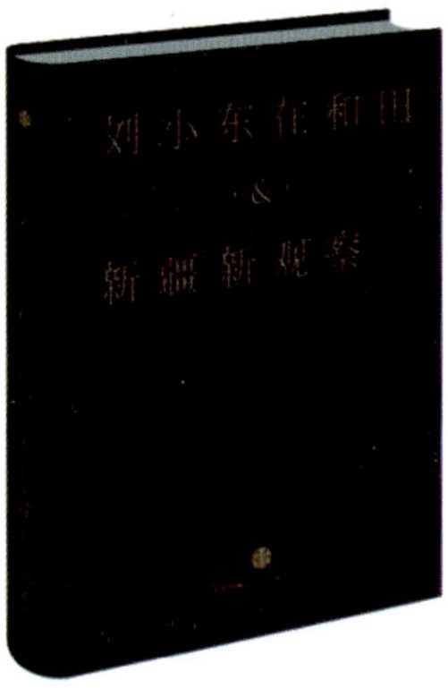

图6-2-30 《刘小东在和田·新疆新观察》书籍装帧设计（一）

全书表面的随意性并未掩盖书中内部设计的精致用心。

图6-2-31 《刘小东在和田·新疆新观察》书籍装帧设计（二）

《2010—2012中国最美的书》（如图6-2-32至图6-2-34）由上海人民美术出版社出版，刘晓翔主持设计。书中收录了2010—2012年“中国最美的书”获奖图书60种，展示了中国书籍设计界这三年的优秀设计作品。整书的装帧为精美的布面和“拉开式”折页设计，来更好地展现“中国式”的书卷气，评委页是简单的折页（如图6-2-33），“年度”采用印刷宣纸（如图6-2-34）。藏与露展现汉文化的内敛与含蓄，每件作品的第一页为本书长宽比例（如图6-2-35至图6-2-39），翻开第一页出现作品封面书影与评委评语（中英文）及书的基本信息，在基本信息中加入尺寸与重量（如图6-2-36、图6-2-40），第二翻继续展示书影（内页）与“设计者说”，全部展开则没有文字（如图6-2-37、图6-2-41），它不仅是长卷与画廊，还是3年60种“中国最美的书”的信息集成（如图6-2-38、图6-2-42、图6-2-44）。“中国最美的书”评委会对其的评语是：全书整体设计简约大气，具新颖的现代感；装帧方式为曲页折，具庄重的仪式感，翻阅时与读者产生互动。虽用西方网格设计[①]的语言形式，却创造出中国式的空灵。

图6-2-32 《2010—2012中国最美的书》书籍装帧设计（一）

图6-2-33 《2010—2012中国最美的书》书籍装帧设计（二）

图6-2-34 《2010—2012中国最美的书》书籍装帧设计（三）

①20世纪20年代在瑞士产生的网格设计，至50年代成熟并流行于世界。网格设计是在书页上按照预先确定好的格子分配文字和图片的一种版面设计方法。它的特征是重视比例感、秩序感、连续感、清晰感、时代感、准确性和严密性。当我们把技巧、感觉和网格这三者融合在一起时，能更好地解决功能、逻辑和美学上的问题，就会出现精美大方、令人印象深刻的画面。

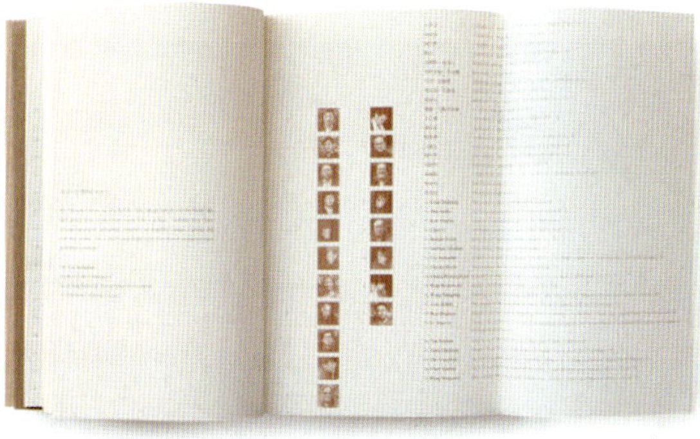

图6-2-35 《2010—2012中国最美的书》书籍装帧设计（四）

图6-2-36 《2010—2012中国最美的书》书籍装帧设计（五）

图6-2-37 《2010—2012中国最美的书》书籍装帧设计（六）

图6-2-38 《2010—2012中国最美的书》书籍装帧设计（七）

图6-2-39 《2010—2012中国最美的书》书籍装帧设计（八）

图6-2-40 《2010—2012中国最美的书》书籍装帧设计（九）

图6-2-41 《2010—2012中国最美的书》书籍装帧设计（十）

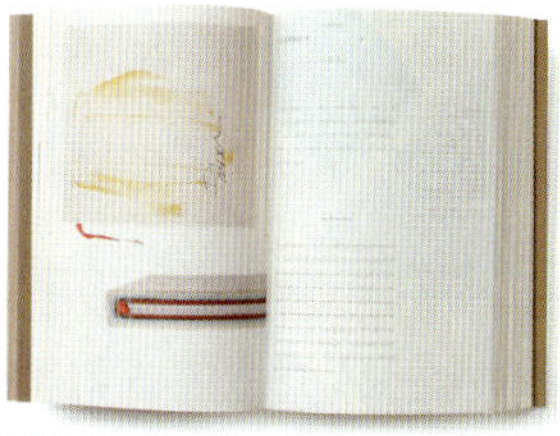

图6-2-42 《2010—2012中国最美的书》书籍装帧设计（十一）

图6-2-43 《2010—2012中国最美的书》书籍装帧设计（十二）

图6-2-44 《2010—2012中国最美的书》书籍装帧设计（十三）

图6-2-45 《2010—2012中国最美的书》书籍装帧设计（十四）

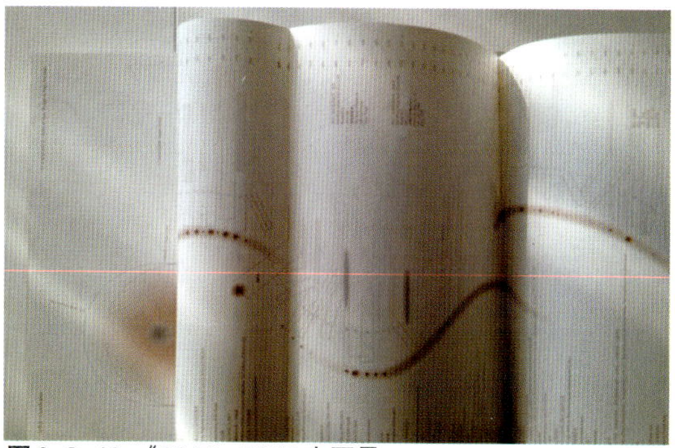

图6-2-46 《2010—2012中国最美的书》书籍装帧设计（十五）

## 6.2.9 2016年"世界最美的书"《订单——方圆故事》和《学而不厌》

《订单——方圆故事》(如图6-2-47至图6-2-49)讲述的是一个家族书店——西安方圆书店的发展史，映衬了美术出版界乃至整个书业由盛而衰，苦苦坚守的历程。书中讲述了父辈艰苦创业的辛劳，有第二代子承父业、执着与坚守的困顿，但是更多的是经营书店过程中对书和书店的热爱，对父辈的感恩怀念，对下一代的期待和希望。这些无论艰苦或温情的故事都通过作者吕重华的一个个或喜或悲的头像签名表现出来。这也是这本书最打动人的地方。而这些都通过设计师或者张扬、或者不动声色的设计细节表现得淋漓尽致。

在2015年11月"中国最美的书"评选中,《订单——方圆故事》从300多种书中脱颖而出，以全票通过获"中国最美的书"第一名，评委会给出的评语为：封面采用包装纸，书名仿照订单，选材和设计都很新颖。以出版社往来信件作为开头，每一页的签名都附上不同的肖像，趣味十足且富有个性。设计打破常规，在前言和目录之间插入图片，书口呈动画图像翻阅形态，激发读者去探寻和发现。在近日"世界最美的书"评选中，又在32个国家和地区近600件作品中获得唯一金奖。广西美术出版社副总编冯波认为该书获得大家一致肯定，在于此书既注重图书的整体装帧设计，又能将设计与内容完美结合，并且通过设计将图书的内容更充分、更好地展现出来。

从近年来"中国最美的书"和"世界最美的书"获奖作品来看,评判的标准有了变化。大部头、精致、华贵不再是"最美"的唯一标准，设计也不再是超越内容而独立存在，最美的书越来越回到"书"这一本质。只有设计与书的内容结合起烘托作用时，才能称其为"最美的书"，而不是最美的艺术品。

《订单——方圆故事》在与国外最美的书竞争中脱颖而出，优势还是在于最传统、最基本的文化传承。这本书吸收了古典线装书的装订方式，内文采用折页，用的是柔软的棉纸，将方块字的端庄、稳重完美地呈现出来。封面用的是塑料包装纸，书名仿照订单，透过这种包装纸让读者想象出一家小书店老板一板一眼认真打包的情形。手工装订、手画签名、手工打包，这本书传递的正是快要消失的中国传统手工艺迷人的魅力。

超级复杂的制作程序《订单——方圆故事》图书装订制作十分复杂(如图6-2-50至图6-2-59)，除去印刷环节，仅装订就需要经过断页—打拢线—折页—模切—粘单页—配页—校检—粘封面—裁切—打捆—刷胶—二裁—打孔—穿线—切成品—盖章(字根)—贴签—成捡—打包等20多道工序，全部手工作业。

图6-2-47 《订单——方圆故事》书籍装帧设计(一)

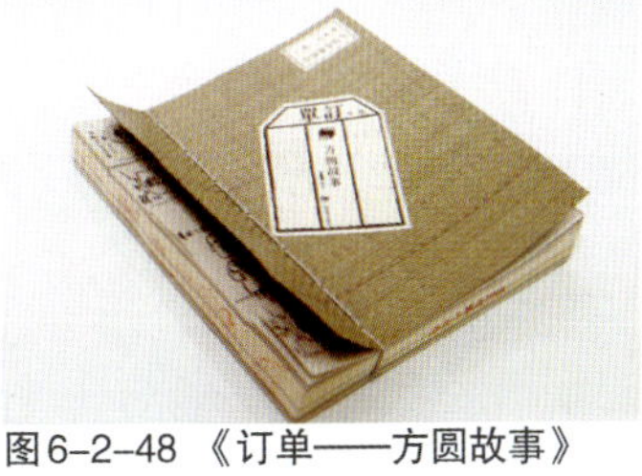

图6-2-48 《订单——方圆故事》书籍装帧设计(二)

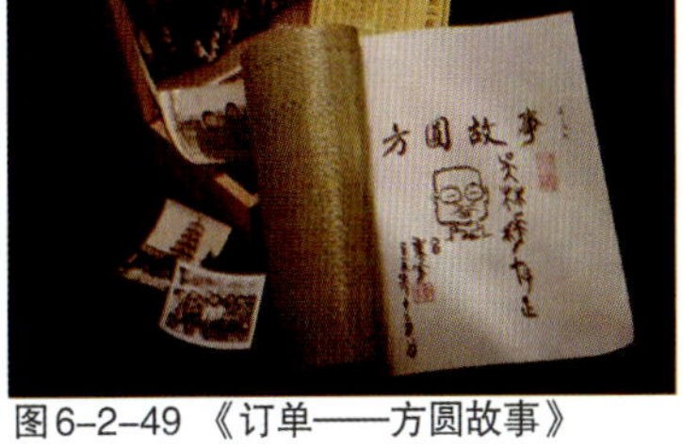


图6-2-49 《订单——方圆故事》书籍装帧设计(三)

图6-2-50 《订单——方圆故事》书籍装帧设计——钻孔

图6-2-51 《订单——方圆故事》书籍装帧设计——穿线（一）

图6-2-52 《订单——方圆故事》书籍装帧设计——穿线（二）

图6-2-53 《订单——方圆故事》书籍装帧设计——打字根

图6-2-54 《订单——方圆故事》书籍装帧设计——手工裁书签

图6-2-55 《订单——方圆故事》书籍装帧设计——书身处处都是奇异的设计

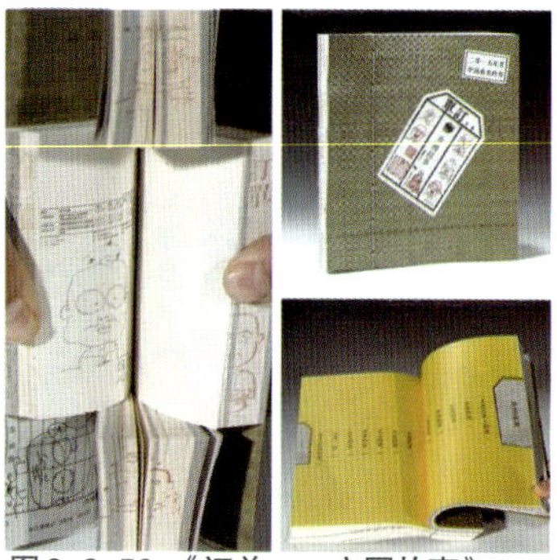

图6-2-56 《订单——方圆故事》书籍装帧设计（四）

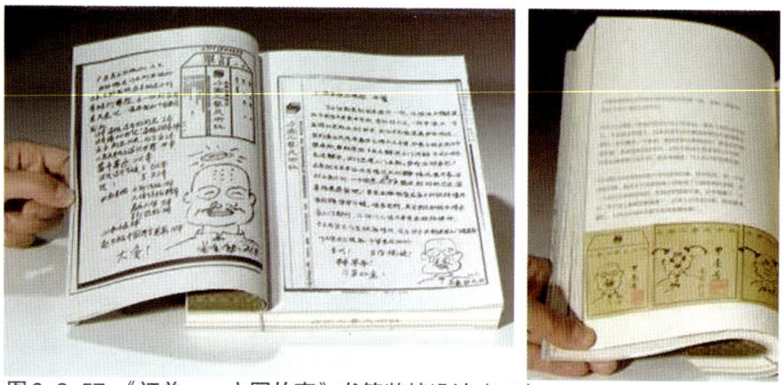

图6-2-57 《订单——方圆故事》书籍装帧设计（五）

图6-2-58 《订单——方圆故事》书籍装帧设计（六）

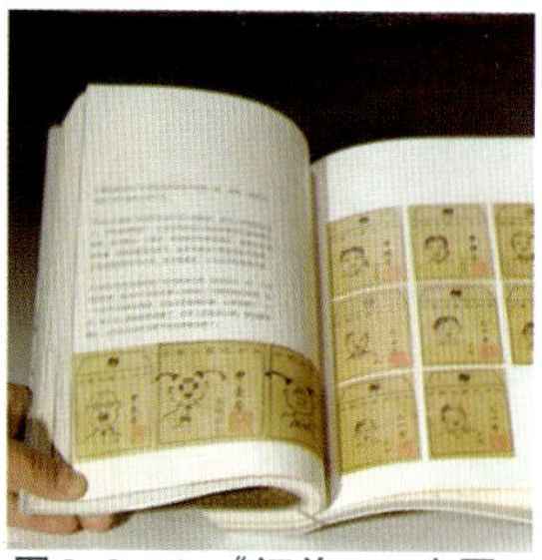

图6-2-59 《订单——方圆故事》书籍装帧设计（七）

图6-2-60 《订单——方圆故事》书籍装帧设计（八）

《学而不厌》一书的书名出自孔子《论语·述而》。春秋时期，孔子常常与学生们一道研讨问题，给学生解决各种疑难问题，他鼓励学生培养良好的品德，深入钻研，学生赞扬孔子教学的耐心，孔子谦逊地说："学而不厌，诲人不倦。"学之精髓，泛而汲取。此书借用了这样一个中国古代著名的典故，作者把自己比作学生，通过一篇文章介绍一位中国知名艺术家的方式，伴随着成长走向成熟直至年迈，学而不止，思考学习的本质。

《学而不厌》使用传统的宣纸来印刷中国画与书法，富有质感，画页左右上下翻折，赋予阅读以动感，与内容相辅相成。用绘画装裱形式制作封面，手法与主题很吻合，裸背装订方式便于翻阅。文本排列非规则型游动，在规则中寻求着变化，是虚与实、有序与无序的对立统一。东方韵味在设计中传达到位，使得书籍富于人文气息和中国传统审美意识。

图6-2-61 《学而不厌》书籍装帧设计(一)

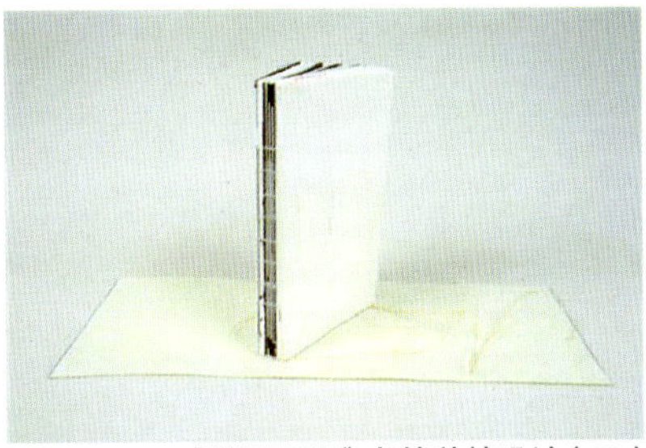
图6-2-62 《学而不厌》书籍装帧设计(二)

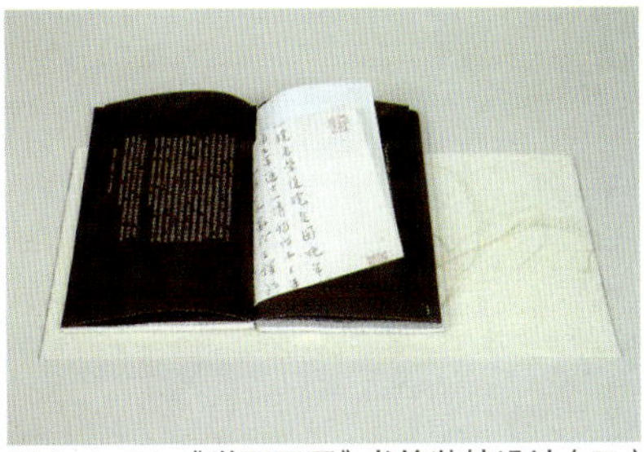
图6-2-63 《学而不厌》书籍装帧设计(三)

图6-2-64 《学而不厌》书籍装帧设计(四)

图6-2-65 《学而不厌》书籍装帧设计(五)

图6-2-66 《学而不厌》书籍装帧设计(六)

## 6.2.10 2017年“世界最美的书”《虫子书》和《冷冰川墨刻》

《虫子书》一书由朱赢椿、皇甫珊珊设计，由广西师范大学出版社出版。作者兼设计师朱赢椿每日与工作室的各色虫子朝夕相处，收集它们在叶子上啃咬或在纸张上爬行后留下的痕迹，经过处理，形成了一幅幅形态各异的“作品”。2016年“中国最美的书”评委会是这样评价这本书的：“全书内页没有文字，由虫子留下的爬行痕迹构成。经过非常细致的观察与处理，虫子们一幅幅形态各异的‘作品’具有了书法与文本的气韵，妙趣天成，一本‘假书’横空出世。黑、白与浅驼色的沉稳搭配以及整洁利落的装订使整本书十分素雅端庄。”

该书主角是虫子，但全书无一文字，不是一部“有关”虫子的科学读物，而是虫子们自己创作的神奇作品，作者只是一个发现者、整理者。蜗牛、蚯蚓、椿象等虫子们行走过的痕迹，旁人视若无睹，朱赢椿日久凝视，越看越觉得讶异、神奇，仿若一幅幅书法或山水画，颇费琢磨：潜蝇的行书、蚯蚓的大篆、蜡蝉的工笔、天牛的点皴、瓢虫的焦墨、蜗牛的写意、椿象的飞白、马蜂的狂草……这是造物的神奇，仿佛也是生命的偈语，等待有心者的发现。

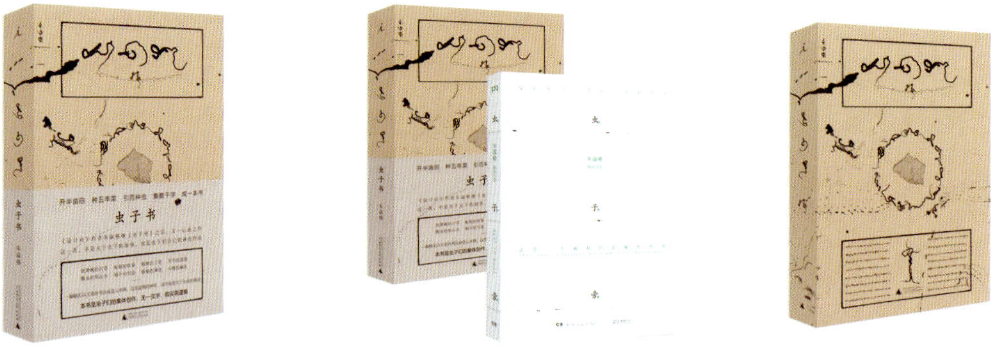

图6-2-67 《虫子书》书籍装帧设计

图6-2-68 朱赢椿在南京师大校园内的“书衣坊”工作室小院

图6-2-69 朱赢椿

图6-2-70 绿背椿在“作画”

图6-2-71 虫子在“作画”

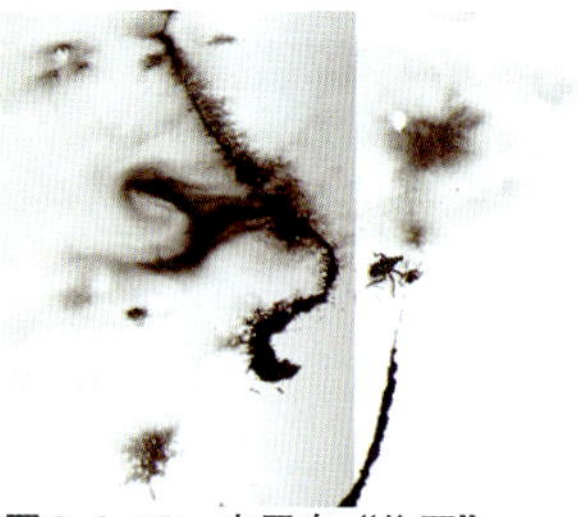
图6-2-72 虫子在“作画”

图6-2-73 《虫子书》书籍装帧设计（一）

图6-2-74 蜗牛除了爬行时留下黏糊糊的液痕，还会用牙齿“写字”

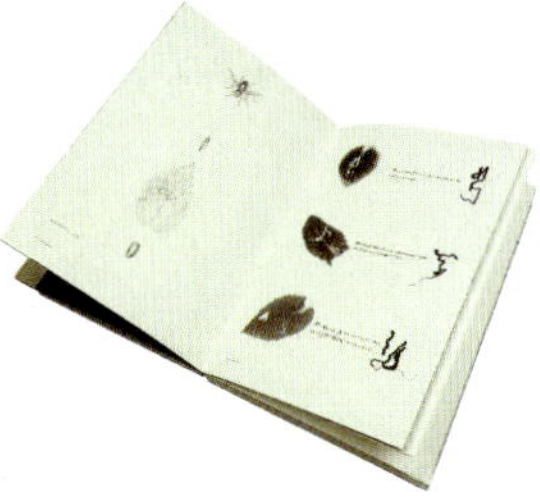

图6-2-75 《虫子书》书籍装帧设计（二）

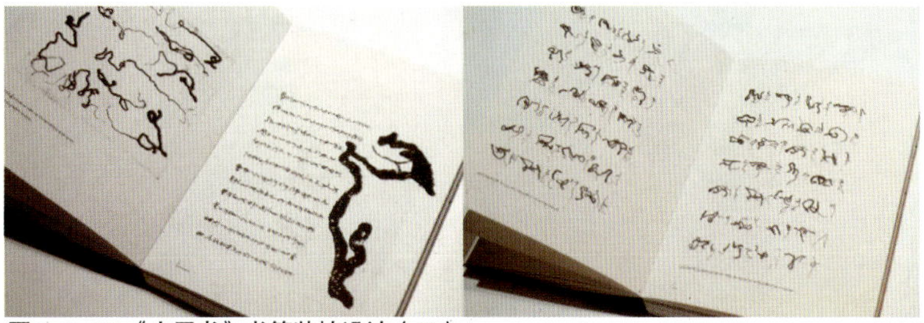

图6-2-76 《虫子书》书籍装帧设计（三）

《冷冰川墨刻》黑白刻墨作品合集跨越三个年代，因此全书的主体结构也是由此线索加以布局，并在间隔处穿插画家独特的格言体文字。全书以黑白为基调，充分打造书籍设计的整体性：外观封面为白色艺术纸，书名运用烫透工艺，立面主体一刀，凸显画家作品的个性特质及创作手段，这一特质在扉页及作品结束后的过渡页中以不同的方式加以强化，书的三面切口喷黑色，地脚的激光雕刻也是强化画家年代纪念集的一个亮点。书体运用了四种不同的纸张，来展现各板块的内容，条理清晰，亦可丰富阅读的变化与节奏。

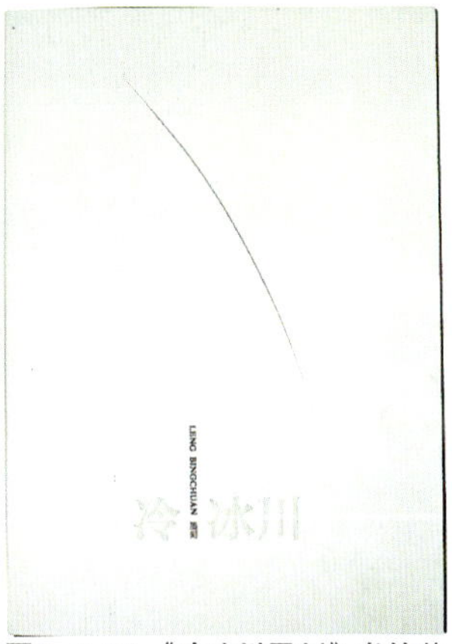

图6-2-77 《冷冰川墨刻》书籍装帧设计（一）

《冷冰川墨刻》封面有刀刻的痕迹，与文本主题高度契合。整体设计的气质比较稳重大方。书内黑色部分运用得当，黑白辉映传递出优雅的气质。

图6-2-78 《冷冰川墨刻》书籍装帧设计（二）

图6-2-79 《冷冰川墨刻》书籍装帧设计（三）

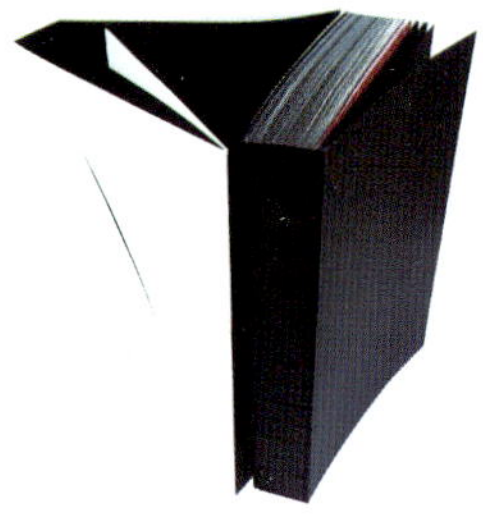

图6-2-80 《冷冰川墨刻》书籍装帧设计（四）

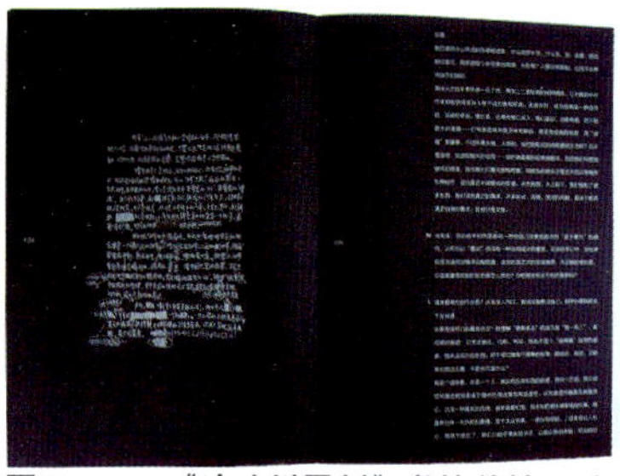

图6-2-81 《冷冰川墨刻》书籍装帧设计（五）

图6-2-82 《冷冰川墨刻》书籍装帧设计（六）

图6-2-83 《冷冰川墨刻》书籍装帧设计（七）

图6-2-84 《冷冰川墨刻》书籍装帧设计（八）

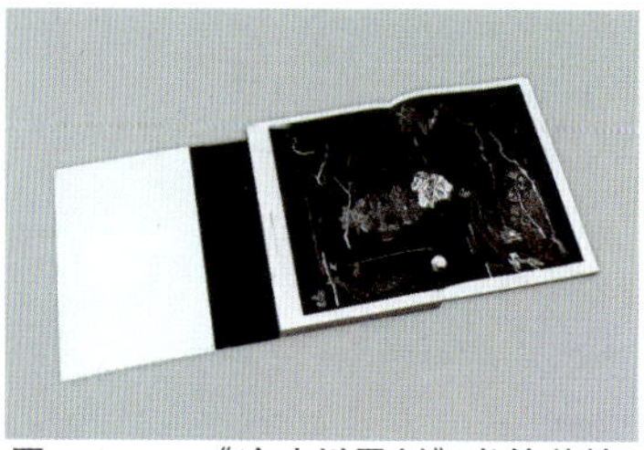

图6-2-85 《冷冰川墨刻》书籍装帧设计（九）

图6-2-86 《冷冰川墨刻》书籍装帧设计（十）

### 6.2.11 2018年“世界最美的书”《园冶注释》和《茶典》

2016年上半年，经过重重努力，在专家的帮助下，建工社拿到了来自日本的《园冶》明刻本影印文件。于是，明刻本《园冶》的影印本及《园冶注释》（第二版）（重排本）的出版工作同时开展起来。

《园冶注释》设计者拿到设计老旧的旧版《园冶注释》时，感到自己碰到了好题材，一定要在旧版基础上取得质的飞跃。在初期工作中，张悟静投入近5个月的时间，每天定量修图、修字，影印本中一些效果不佳的图片要精修，不同于今日用法的字要造字，这一工作看似“很不起眼”，却是奠定图文内容质量提升的基础。特别是直接引用影印本中的图片，让重排本图片质量大幅度提升。

在重排文字时，张建与张悟静达成共识：仍然沿用竖版繁体直排方式排版。张悟静说：“我希望把它做出明清时期古书的感觉，追求‘雅’的品质，但又要和古籍的装帧设计有所区分。内页的留白、直排等内在精神遵照中国传统，但锁线、胶装等表现形式则借鉴西方现代手段。”

设计细节从函套开始就有所体现。在函套左上角粘贴的书签，既是对传统古籍元素的应用，也正符合书中反复出现的长方形风窗和栏杆等图式。书签上书名字体取自明刻本，让人感觉回到木刻时代。

全书护封包住封面三分之二。在护封与封面衔接处的上方中心，有一朵运用烫透明工艺的梅花，这朵梅花正是源自书中的梅花式风窗图式。而这朵梅花的图案由米黄色封面与白色护封拼接而成，也正暗合园林中运用拼接形成图案的技术。封面选择的米黄色纸张，与树皮有相似的自然纹理，看上去好像是梅花开在树里。

在设计封面时，刻意让封面与护封短于内文纸张，这就使封面视觉效果上给读者以更具有学术性、书卷气的感觉。同时，在封面上形成一个长方形效果，呼应了书中各种长方形图式。书脊上露出的侧面锁线部分也有这样的效果。

书中标题部分，一级、二级标题都采用了影印本中的木刻字字体，下面的小标题则采用电脑排字，给人以富于变化的节奏感。内文版面布局中，文字类别比较多，涉及原文、释文和注释三个层次。释文紧跟原文，不仅排版上低于原文，还增加了下划线进行区分。注释在释文之后，则不加竖线，字号略小。排版既保持了高低错落的节奏感，也方便读者阅读。

在全书前部，插入了阮大铖《冶叙》的影印拉页。明刻本《园冶》中，阮大铖为全书撰写的《冶叙》就是用书法体篆刻的，不同于计成正文的老宋字体，相当出彩。《园冶》三卷的隔页，则分别运用了苏州园林摄影图片，这与全书的明代造园主题非常契合，也通过双色印刷营造了苏州园林的意境美。同时，隔页纸张正反两面的手感也富于变化。

2017年“中国最美的书”评委会就《园冶注释》给出如下评语：本书是明代计成所著，

是一本现代版本的古书，却洋溢着古风古韵。排版遵照传统，版面布局节奏则富于变化，给现代读者带来丰富的阅读体验。卷首页颇为内敛，内文隔断选用的纸张手感富于变化。全书采用单色印刷，图文搭配和谐，气质恰到好处。细节处理非常到位。

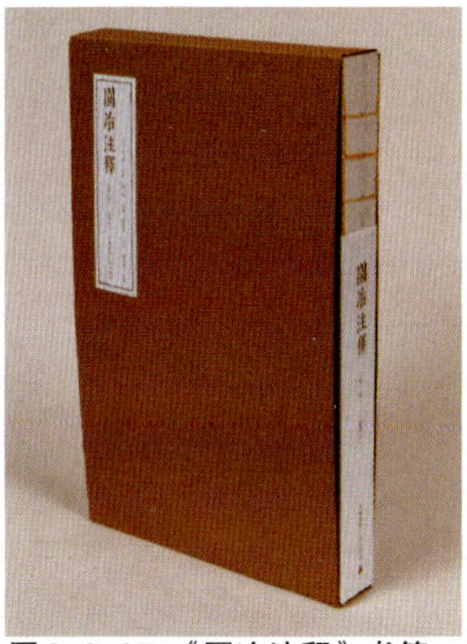

图6-2-87 《园冶注释》书籍装帧设计（一）

图6-2-88 《园冶注释》书籍装帧设计（二）

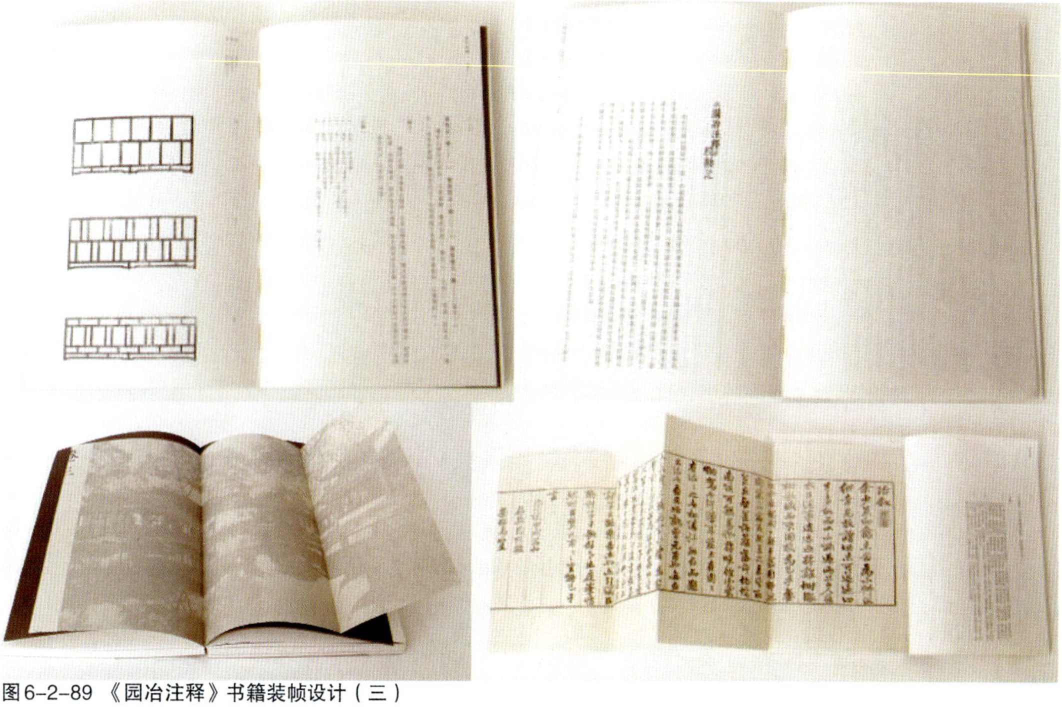

图6-2-89 《园冶注释》书籍装帧设计（三）

《茶典》是以钦定《四库全书》中的八部茶学著作为蓝本，精选中国历代“茶”主题珍品书画九件作为插页，全面讲述、刻画了中国的茶文化。设计师运用现代设计语言，恰到好处地将茶这种中国文化的典型元素呈现在世界面前。《茶典》就是一部“爱茶人的圣经”，以丰富的内容向当下的爱茶之人传导中国的茶文化。

整部《茶典》采用轻薄的内页纸张，有效地减轻了书籍本身的重量，切口三面喷青金，与封面、腰封的色调融为一体，营造一种整体表达的效果。内文双色印刷，数据经过精心修复后，完美再现了文津阁本《四库全书》小楷书法和白描手绘的艺术性，使读者在获得茶学知识的同时，也体验到中国传统书画艺术传达出的静雅古朴之美。插纸采用45g宣纸，画面设计和装订方式突破传统做法，内容精选中国历代“茶”主题珍品书画；装订方式为空脊锁线，可使书籍完全摊平，内文和插页书画的阅读全无障碍；封面设计以欧阳询“欧体”笔画为基础，设计“茶典”两字，内容上略去所有其他元素，以最简洁的手法突出主题，厚重大气，封面印刷采用传统的凸版印刷工艺，油墨表现力优，色调丰富。以封面材料为基础色，调以专色，从色彩色调上契合“茶”的主题。最终，呈现出“世界最美的书”——《茶典》。

此书的内容选用钦定《四库全书》茶书八种，采用现代设计语言阐释古老的茶典。体例间隔纸张选用宣纸，很朴素；隔页配图，与内容相匹配；封面材料、色彩选用都很到位。在电子媒介如此发达的今天，很多人唱衰纸媒。潘焰荣仍潜心研究纸媒，挖掘纸张“创意的温度”。在他的设计作品里，对书籍整体概念“度”的把控，材质工艺“适”的表达，都在唤起读者亲身体验传统纸张魅力的兴趣。他试图强调“有温度，不常规的阅读体验”。在纸媒式微的当下，他的探索无疑是万籁俱寂的苍穹下点亮的一束耀眼的光。

图6-2-90 《茶典》书籍装帧设计

## 6.3 “中国最美的书”未来发展方向

### 6.3.1 兼顾形式美与内容美

在历届“中国最美的书”获奖作品中，有部分图书的整体设计超过图书内容所传达的内涵，这些图书看起来非常独特，具有超高的艺术效果，但是内容可读性却不是很强，给人一种“喧宾夺主”的感觉，掩盖了内容的重要性。作为书籍设计师，在今后进行设计时，要学会因文制宜，因材施编，不能喧宾夺主，切忌一味追求包装的个性、华丽，应做到审美与实用同时兼顾。

“中国最美的书”评选活动是中国书籍设计界的一个风向标，引领着书籍设计最新潮流，不单单是参加该比赛的作品要求突出其设计美，一般的图书设计师也应该学习“中国最美的书”美之所在，把这些美的元素及手法恰当融入日常设计之中去提升整体的书籍设计水准。

### 6.3.2 朝着艺术品方向发展

“中国最美的书”已经不仅仅以向读者传递知识的工具的形式呈现在读者面前了，其设计方面的独特性注定它在朝着艺术收藏品的方向发展，高定价的获奖图书主要的作用有两点，一是展现中国传统文化内涵，二是作为收藏，可以说是传世经典。

“中国最美的书”这些高定价的作品在设计时耗费了大量的人力、物力和财力，《藏区民间所藏藏文珍稀文献丛刊》(精华版)(如图6-3-1)一书，光成书时间就历经十余年，且收录的都是历代高僧的手抄本，图书珍贵无比。类似于这种作品其收藏价值远远超过阅读价值。

对于一般图书的书籍设计来说，设计师也应该投入精力，把每本图书当成艺术品来进行设计，抵制粗制滥造的设计作品，这样会使中国书籍设计水平得到质的提高。

图6-3-1 《藏区民间所藏藏文珍稀文献丛刊》(精华版)书籍装帧设计

## 6.3.3 既要融合传统，又要与西方接轨

据统计，“中国最美的书”所有获奖作品中有109种是以中国传统文化元素为主要内容的，几乎每年都有平均7种以中国传统文化为主题的图书被授予该荣誉，比如2016年“中国最美的书”获奖作品就有《红楼玉语》《金陵小巷人物志》《桃花坞新年画六十年》《历代名人咏树》《水墨戏剧》等九种，这些图书不仅内容带有明显的中国传统文化特色，在设计上也融入中国设计元素（线装、水墨画）。这些设计作品符合“中国最美的书”评选标准要求，突出了中国文化的博大精神。当然，“中国最美的书”评选活动是一项与世界书籍设计水平相接轨的大赛，不仅具有中国特有的文化特色，还与西方书籍设计融会贯通。比如设计师在进行封面文字设计时，会借鉴西方书籍设计先进工艺，采用烫金、烫银及各种颜色的电化铝印在起凸的书名上，使图书看起来高贵精致。

图6-3-2 《金陵小巷人物志》书籍装帧设计

图6-3-3 《桃花坞新年画六十年》书籍装帧设计

图6-3-4 《水墨戏剧》书籍装帧设计

“中国最美的书”这种既融合中国传统文化又与西方相接轨的设计理念对于广大书籍设计师来说是一个很好的借鉴，这样可以普遍提高中国书籍设计的整体水平，使中国书籍设计水平向更好的方向发展。

# 参考文献


[1] 北京迪赛纳图书有限公司. 书妆:书籍装帧设计[M]. 武汉:华中科技大学出版社, 2015.

[2] 上海市新闻出版局“中国最美的书”评委会. 最美的书文集[M]. 上海:上海人民美术出版社, 2013.

[3] 哈斯兰. 设计@书[M]. 赵著, 译, 上海人民美术出版社, 2013.

[4] 潘擎.书卷飘香:当代书籍装帧设计动向研究与鉴赏[M].石家庄:河北教育出版社, 2012.

[5] 刘积英. 印谱:中国印刷工艺样本专业版[M]. 北京:印刷工业出版社, 2009.

[6] 吕敬人. 书艺论道[M]. 北京:中国青年出版社, 2007.

[7] 毛德宝. 装帧设计[M]. 南京:东南大学出版社, 2000.

[8] 谢群. 书籍装帧设计与制作[M]. 北京:化学工业出版社, 2011.

[9] 吕敬人. 翻开当代中国书籍设计教程[M]. 北京:清华大学出版社, 2004.